U0188308

Medical Device
Use Error Root Cause Analysis
医疗器械
使用错误根本原因分析

[美] 迈克尔 · 威克伦德（Michael Wiklund）
[美] 安德里亚 · 德怀尔（Andrea Dwyer）　著
[美] 艾琳 · 戴维斯（Erin Davis）

插图绘制 / [美]乔纳森 · 肯德尔（Jonathan Kendler）

主　译 / 张宜川　尹　勇
副 主 译 / 翁莎俐　岑一诺　吴天舟　戎珅仪　李静雯

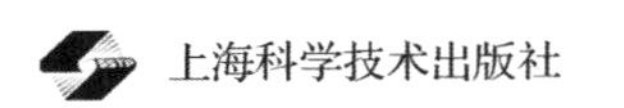

图书在版编目（CIP）数据

医疗器械使用错误根本原因分析 / （美）迈克尔·威克伦德（Michael Wiklund），（美）安德里亚·德怀尔（Andrea Dwyer），（美）艾琳·戴维斯（Erin Davis）著；张宜川，尹勇主译. -- 上海 ：上海科学技术出版社，2024. 9. -- ISBN 978-7-5478-6781-5

Ⅰ. TH77

中国国家版本馆CIP数据核字第2024CX1579号

医疗器械使用错误根本原因分析

［美］迈克尔·威克伦德（Michael Wiklund）
［美］安德里亚·德怀尔（Andrea Dwyer）　著
［美］艾琳·戴维斯（Erin Davis）
插图绘制　［美］乔纳森·肯德尔（Jonathan Kendler）
主　　译　张宜川　尹　勇
副 主 译　翁莎俐　岑一诺　吴天舟　戎珅仪　李静雯

上海世纪出版（集团）有限公司
上　海　科　学　技　术　出　版　社　出版、发行
（上海市闵行区号景路159弄A座9F-10F）
邮政编码201101　www.sstp.cn
徐州绪权印刷有限公司印刷
开本 787×1092　1/16　印张 15.25
字数 180千字
2024年9月第1版　2024年9月第1次印刷
ISBN 978-7-5478-6781-5 / TN·43
定价：145.00元

本书如有缺页、错装或坏损等严重质量问题，请向印刷厂联系调换

译者序

2013年，Michael Wiklund的著作《医疗器械可用性测试》中文版正式出版，自此，国内医疗器械研发人员开始直接接触到了关于医疗器械可用性的丰富知识和实用技能，尤其是如何有效进行医疗器械可用性测试的方法。这本书在当时就为我们带来了深刻的启发和巨大的帮助。对我而言，这本书就像一扇突然打开的窗，让我这个已经在医疗器械检测领域工作了二十多年的人萌生了踏入医疗器械可用性测试领域的强烈愿望。于是，我们踏上了医疗器械可用性测试平台建设的探索与实践之路。

2018年，国内迎来了首个全模拟医疗环境的医疗器械可用性测试平台，该平台在苏州建成并投入使用。随后的几年间，我们见证了国内医疗器械可用性工程事业的蓬勃兴起，各类功能的可用性实验室如雨后春笋般涌现。直至2024年3月，国家药品监督管理局医疗器械技术审评中心正式发布了《医疗器械可用性工程注册审查指导原则》，并将于同年10月8日正式生效实施。

在持续深入探究可用性的过程中，Michael Wiklund的相关可用性专著给了我们很大的启示。几年前，得知他的新作《医疗器械使用错误根本原因分析》在美国正式出版，我迫不及待地购来一读，细细品读之下，更觉眼前一亮，这本书简直就是《医疗器械可用性测试》的续篇。书中提到，可用性测试报告要包括对可预见的使用错误进行模拟测试，同时记录参与者对测试反馈的原因及根本原因的描述，因为测试参与者反馈的使用错误原因往往并不是真正的原因，即不是使用错误的根本原因。他从医疗器械可用性测试发现的使用错误为对象开展研究，可用性测试发现使用错误的最终目的不是仅仅发现和识别错误，而是找到根本原因后再根据风险水平进行设计更改，从而减少使用错误，降低使用风险，最大限度地避免危害发生。

这本书从理论到实际，从一个个使用错误分析实例出发，给我们重现了现场访谈及原因分析的真实情景，展示了如何根据根本原因提出设计更改建议，系统总结了使用错误分析方法，使我们上市的医疗器械变得更安全、更好用、更让用户满意，使人们进一步领略到可用性测试和人因工程的魅力。

基于以上，我们迫切希望早日将此书介绍给国内业界的朋友们，希望对我们现在正在进行的医疗器械可用性工程有所帮助。本书在翻译过程中，我们尽可能地结合可用性工程实际对相关词语进行了意译，由于我们的水平有限，翻译中可能还有许多不足之处，恳请大家谅解并提出宝贵的建议和意见。

张宜川

2024年8月

序

本书是Michael Wiklund及其同事撰写的一系列与可用性相关、关注医疗器械中的人因工程作品中的一部。在这部名为《医疗器械使用错误根本原因分析》的作品中，Michael Wiklund、Andrea Dwyer和Erin Davis讨论了分析使用错误这一非常重要的安全主题。它们提供了出色的、实用的指导方法，帮助读者有条不紊地发现并解释在使用医疗器械时发生使用错误的根本原因。

这部作品补充了Michael Wiklund和同事之前出版的书的内容：《医疗器械的可用性测试》《医疗器械人因设计指南》《医疗产品的可用性设计》《医疗器械和设备的设计》《实践中的可用性》。

熟悉人因工程（human factors engineering，HFE，也叫可用性工程）在医疗器械中的应用的读者会毫无疑问地感谢医疗器械的管理者在过去10年里使用了“使用错误”这个术语，而不是更常见的但欠准确的术语“人为错误”或“用户错误”。当代术语“使用错误”对于错误原因是中立的，它不会像之前使用的术语“用户错误”所暗示的自动归责于用户。在哲学上与使用当代术语相一致，根本原因分析应该评估所有可能的使用错误的原因，而这正是本书所规定的。它呼吁读者以与处理电气缺陷（如产生泄漏电流的短路可能会使用户触电）相同的态度和严谨性来看待和处理使用错误。例如，设备开发人员不会抱怨用户因为电气绝缘或接地不良而导致用户触电，他们也不应该责怪用户因为按键标识不清或者按钮间隔太近而按错了按钮。

在更广泛的方案中，制造商和医疗产品设计师应该努力设计一种在与设备的用户界面交互时不会产生与可用性相关的错误（广泛称为使用错误）的设备。设计师不应该因为用户没有阅读说明或在培训期间没有学会使用设备而责怪用户。相反，正如本书中所描述的，设计者应该关注问题的根本原因是否可能是由于用户界面设计缺陷或其他可用性缺陷，如不合理的导航、误导性的功能标签、混乱的符号、难以使用的控件、难以辨认的显示或沟通不畅的错误信息。因此，术语"使用错误"就其本质而言，需要对为什么存在使用问题进行调查，这最好通过根本原因分析来完成。作为在AbbVie（以前雅培实验室的一部分）的人因工程主任，我认为确保产品开发人员理解和支持这样的分析是非常重要的，因为它是通向优化用户与医疗器械以及如实验室仪器的其他设备交互的基本见解道路。

在从事了30年的人因工程工作后，我对我们目前方法背后的历史有了更深的理解，所以请允许我分享一些与本书主题相关的历史。根本原因分析方法已经存在很长一段时间了，并且一直是卓越经营工具包（如六西格玛和精益）的主要组成部分。20世纪50年代，Sakichi Toyoda将这个词引入了日本，也就是现在的丰田汽车公司。Toyoda先生提倡"五个为什么"的概念，它要求调查人员五次询问"为什么"，以找到问题的核心。这就是人们如何从汽车问题开始，比如发动机失灵，然后追溯到油量不足、难以使用的量油尺，以及没有油压计。

我相信，在过去的60多年里，根本原因分析，包括问了很多"为什么"，帮助丰田隔离和补救了许多设计和制造问题。与此同时，根本原因分析的技术也有助于调查重大事故，包括三里岛核电站事故和两起航天飞机事故。值得庆幸的是，为了改善医疗器械行业、医疗服务提供者和患者的状况，根本原因分析在医疗领域被广泛应用于许多问题，包括不良事件分析、单个及多个事件的客户投诉分析、纠正和预防措施

图0.1 从左上角顺时针方向分别为核电站、汽车、医疗器械和航天飞机的标志。官方公布的事故死亡人数：三哩岛为0（长期健康影响不确定）；航天飞机为14名宇航员；2014年美国交通事故为32 719起；2014年美国医疗事故大于20万起
［改编自James, J. T. 2013. A new, evidence-based estimate of patient harms associated with hospital care. Journal of Patient Safety, 9(3), 122–128.］

（corrective and preventive action，CAPA），以及产品责任相关事件（图0.1）。

现在让我们多谈谈本书。我想读者会发现它有条不紊地带你按照逻辑顺序了解根本原因分析的相关主题。本书向读者介绍了一些有价值的主题，如根本原因分析的基础、风险和根本原因分析的语言，以及使用错误分析的监管预期。另外，有几个章节提供了关于识别使用错误、采访相关用户以及可能导致使用错误的用户界面设计缺陷的实用指导。

这种设计缺陷在第12章通过一些信息非常丰富的案例研究得到了进一步的证明。这30个例子生动地说明了可以在深入分析中探索的问题，并且演示风格非常引人注目。这些例子涵盖了广泛的设备，包括非专业人员使用的家用产品和临床环境中使用的高度复杂的设备。我喜欢每个示例最后都给出关于如何修复导致使用错误的问题建议。简单的插图是对叙事性解释的一个很好的补充，在某些情况下，通过阅读文字来澄清设计缺陷是很难被理解的。

这些示例是应用根本原因分析过程所需严格性的坚实范例。它们展示了根本原因分析是如何引导从对使用错误、其后果、潜在原因的理解，最终到减轻和一系列解决方案。在我看来，这些例子本身就使本书有了很大的价值。

本书还包括对美国食品药品管理局（U.S. Food and Drug Administration，FDA）规定的在人因工程中最佳做法应用的讨论。众所周知，FDA的人因产品审核人员现在需要一个基本的质化方法来进行可用性测试，包括形成性测试和总结性测试（验证）。与向FDA提交的其他受监管的报告（如临床有效性、产品稳定性、生物有效性等）不同，人因工程的独特之处在于它不需要与安全相关的医疗器械可用性推论统计证据。这是因为对一些制造商来说，具有适当统计能力的可用性测试研究是繁重而不切实际的。此外，理解在最终总结性测试中可能观察到的不可避免的使用错误的最佳方法是进行彻底的根本原因分析。然后，设计师必须证明，进一步重新设计用户界面是不现实的，剩余风险是可以接受的，因为设备的临床效益有说服力地超过了剩余风险。当在总结性测试中观察到使用错误时，除了通过根本原因分析，我知道没有其他方法可以证明最终设计的合理性。FDA来自器械和放射健康中心（Center for Devices and Radiological Health，CDRH）和药物评价和研究中心（Center for Drug Evaluation and Research，CDER）的指南强化了风险/利益权衡的概念。

作为本序的总结，我鼓励读者将根本原因分析视为良好人因的必要条件或本质。工业和用户界面设计具有挑战性，难以捉摸，是可用性工程中一个非常有创造性的部分。然而，由于我们对人类能力认识的局限性，以及应用行为科学的局限性，早期的设计完全不言自明、直观是不容易的。为了实现高质量的用户界面，需要在多个周期中进行艰苦的工作和不断努力迭代的设计、测试、重新设计和重新测试。如果没有严格的根本原因分析，从设计和测试的迭代周期中学习几乎是不可能的。因为本书适用于用户界面，它对如何进行根本原因分析的文献做出了重要的贡献。

Ed Israelski

致 谢

感谢UL（保险商实验室）-Wiklund（人因工程咨询公司）的同事的支持。本书引用了许多在UL-Wiklund 进行的可用性测试中出现的使用错误。本书也总结了我们与同事密切合作进行的根本原因分析。

特别感谢我们专业的成员 Jonathan Kendler（插图画家）、Allison Strochlic 和 Jon Tilliss，他们的大力推动使 Wiklund 的研究和设计获得成功，并将其转化为UL 内部的人因工程实践。

感谢那些开创了根本原因分析方法的其他专业人士。他们撰写了在脚注中引用的论文和书籍（在本书的参考文献中列出）。我们对根本原因分析的实际见解基于他们最初的工作。

感谢 AbbVie 的人因工程主管 Edmond Israelski 撰写了本书的序。在序中，他分享了他本人对医疗器械错误根本原因分析的观点。

感谢我们的同事 Rachel Aronchick、Laura Birmingham、Stephanie Demarco Bartlett、Cory Costantino、Kelly Desharnais、Sami Durrani、Michael Geller、Limor Hochberg、Stephanie Larsen 和 Frauke Schuurkamp-van Beek，感谢他们对本书初稿内容进行的同行评议。

Merrick Kossack 是 Intuitive Surgical 公司的人因工程经理，他也慷慨地从医疗器械开发商的角度检查了我们的根本原因分析案例，并为我们提供了极好的建议。

Michael也感谢他的妻子Amy鼓励他积极地发掘自己的兴趣，包括撰写关于人因工程的文章和书籍。

最后，感谢Taylor & Francis的Michael Slaughter对本书最初提案的热情回应和在编写和制作过程中对我们的坚定支持，感谢Kathryn Everett使本书从手稿阶段迅速进入出版阶段。

还要感谢国际电工委员会（International Electrotechnical Commission，IEC）允许复制其国际标准IEC 60601-1-6 ed.3.0（2010）和IEC 62366-1 ed. 1.0（2015）的信息。所有这些摘录都是瑞士日内瓦IEC的版权，其保留所有权利。有关IEC的进一步信息可从www.iec.ch获得。IEC不对作者复制、摘录和内容的位置以及上下文负责，也不对其中的其他内容或准确性负责。

本书读者

确定人们在与医疗器械交互时产生使用错误的根本原因是设计改进和保护人们免受伤害的关键。因此，本书的内容应该引起广大产品开发者和其他参与使医疗保健实施尽可能安全和有效的专家的兴趣，包括：

- 人因专家——负责执行人因工程任务的个人，包括在可用性测试、临床研究和上市后监测中发现的使用错误的根本原因分析。
- 工程师和设计师——可能被要求帮助执行人因工程项目的个人，以及那些可能在团队中负责执行根本原因分析，并回应通过调整给定设备得出的调查结果的个人。这些人可能包括机械、电气和系统工程师，项目经理，软件程序员，工业设计师，平面设计师，以及其他相关专业的人。
- 法规事务专家——管理其组织遵循人因标准而对使用错误进行根本原因分析的方案的个人。
- 质量保证专家——负责满足各种功能中涉及的应用于内部和外部的质量标准的人员，包括人因工程。
- 风险管理人员和分析人员——对组织的整体风险管理工作负

责的人员，他们必须将根本原因分析结果纳入组织的整体风险控制计划。

- 患者安全专家——在临床和非临床环境中设法减少对患者和护理人员造成伤害的个人。
- 监管部门——① 为监管审查和执行实体工作的个人，如FDA、欧盟的公告机构以及在更多国家代表联邦实体评估生产商的风控能力；② 为众多组织工作的个人，就监管策略和对监管及执法行动（如召回、禁令、同意令）的回应向该行业提供咨询。
- 学生——准备从事以上所列专业工作的人员。

建议的局限性

本书包含的事实信息和内容反映了我们的专业判断，并辅之以假设案例。事实信息包括用于描述风险和根本原因分析的术语的定义、各种法规要求和某些人因工程原则。专业判断包括如何进行根本原因分析的建议，认识到有能力的专业人员可能采取不同但同样有效的方法，以及对可能导致使用错误的用户界面缺陷的描述。假设的使用错误案例及其根本原因贯穿许多章节，然后集中在第12章。其中一些案例受到真实案例的启发，但我们改变了场景，并删除了产品规格名称，使这些案例具有示范意义，并避免针对特定的医疗器械制造商。

本书在出版时引用了当时可用的最新标准和指南。为了满足当前标准、法规要求和相关期望，读者应该检查可能影响如何进行根本原因分析的有关更新内容。

应当把我们的建议放在适当的上下文并识别其他分析选项，我们也建议读者咨询其他参考文献关于根本原因分析的指导并应用于医疗行业以及其他行业（见第14章和本书最后的参考文献部分）。请记住，实际上没有执行根本原因分析的单一方法，并且本书的内容可能无法完全满足读者的要求。

请注意，我们已经列举了虚拟的使用错误的各种根本原因，但是工程专业人员可能会对我们的结论提出异议。因此，我们的示例根本原因分析不应该被视为读者将来可能需要分析的使用错误的最终根本原因。

虽然，我们认为已经找到了适当的根源，但正如第2章中所说的，它们在大多数情况下只不过是有根据的假设。这是涉及医疗器械使用错误的大多数根本原因分析的真实本质。在根本原因分析中，通常固有的专业判断不应被视为弱点，而应被视为一个基本和必要的特征，因为我们处理的是人类行为，而不是机器。医学实践在这方面是相似的，准确的诊断通常来自对事实知识的考虑和对判断力的应用。

拓展阅读0.1　根本原因分析需要以与医疗保健相同的方式进行判断

“医学专业是一个职业，医生的知识、临床技能和判断力都被用于保护和恢复人类的福祉。”这个职业的基础是临床判断，这是医生的鉴定力、专业知识和技能的核心，“几乎与实施手术本身的技术能力同样重要”。临床判断是通过实践、经验、知识和持续的批判性分析发展起来的。

本书是作者以个人身份撰写的，文中表达的观点是作者自己的观点，并不反映其雇主——UL有限责任公司的观点。

与实际在世或已故任何人有任何相似之处，纯属巧合。

假设的病例和医疗器械的例子反映了广泛的专业经验基础，它们都不是单一设备造成的。产品细节已经用通用的方式描述。

作者不是医学专家，他们应用了一个合理的谨慎标准来描述与使用错误相关的损害案例，然而他人不应将此信息作为确定此类损害的依据。

作　者

Andrea Dwyer（左）、Erin Davis（中）和Michael Wiklund（右）

Michael Wiklund担任UL-Wiklund人因工程业务总经理。在加入UL之前，他创立并管理了自己的HFE咨询公司——Wiklund研究与设计公司——该公司于2012年与UL合并。他在人因工程学方面有30多年的经验，其中大部分集中在医学技术的发展上。他的工作包括与客户合作，优化他们产品的安全性、有效性、可用性和吸引力。他是一位公认的人因专家。他的其他著作（担任作者和/或编辑）包括《医疗器械的可用性测试》《医疗器械人因设计指南》《医疗产品的可用性设计》《医疗器械和设备的设计》以及《实践中的可用性》。他是当今最相关的医疗器械人因工程标准和指南AAMI HE75和IEC 62366的主要贡献者之一。除了领导UL的人因工程实践，他还担任塔夫茨大学（Tufts University）的实践型教授，教授HFE课程。

Andrea Dwyer是UL的人因管理专家。在这个职位上，她负责UL一些最具挑战性的用户研究和可用性测试项目。她撰写了许多可用性测试报告，其中包括对医疗器械使用错误的根本原因分析，从胰岛素泵到超声波系统，再到眼内植入物。她还经常编写可用性工程项目计划、管理可用性测试，并代表UL公司的客户开发可用性测试报告。

2010年，她在塔夫茨大学获得了人因学士学位，并在那里获得了两项奖励（表彰她在人因研究方面的成就和卓越表现）。为了补充她的研究，她还分析了与植入设备、远程医疗和老年人辅助设备相关的人因问题。除了在UL的HFE工作，她目前还是塔夫茨大学工程管理专业的兼职研究生。

Erin Davis也是UL的人因管理专家，与她的合著者一起工作。她在该领域有多年的人因研究经验，包括可用性测试。她在塔夫茨大学获得了人因工程学硕士学位，在马凯特大学（Marquette University）获得了生物医学工程学士学位。为了补充她的本科学习，她曾在巴克斯特医疗保健公司（Baxter Healthcare）担任系统工程和人因实习工程师，并在FDA实习。在获得学位期间，她进行了多用途车的人体工学、记忆和疲劳方面的研究，并完成了硕士论文《骨科手术的障碍和促进因素》。在UL-Wiklund，她开发和实施人因工程项目，并领导需要用户研究、设计和医疗器械可用性测试的项目。

她的其他著作包括《言语提示图形记忆任务中认知负荷和疲劳尖点突变模型》（Human Factors，2012）和《比较新型自动注射器和纳洛酮鼻腔给药系统的可用性研究》（Pain and Therapy，2015）。在2013年新英格兰分会学生会议上，她获得了最佳演讲奖，她也担任了2015年新英格兰分会主席。

译　者

张宜川：研究员级高级工程师，上海交通大学专业博士行业导师，上海理工大学硕士生导师。现任江苏省药品监督管理局审评中心主任，曾任江苏省医疗器械检验所副所长。担任国际电工委员会IEC SC62A JWG4医疗器械可用性工作组成员、中国医疗器械行业协会人因工程专委会主任委员、全国医用电器标准化技术委员会（TC10）等国内多个医疗器械标准化委员会专家委员。主导规划建设由国家发改委和国家药监局共同支持的江苏省医疗器械检验所检验能力提升建设项目，承担主持建设了国内第一个全模拟医院环境的医疗器械可用性实验室，在该平台主导开展了超声软组织切割系统、吻合器、左心室辅助系统、多参数监护仪等30余项国产高端医疗器械的可用性测试工作。作为第一发明人取得"一种可用性测试实验室""心血管介入器械可用性测试模拟系统"等多项发明专利授权；作为主编之一出版专著《医疗器械人因工程设计与可用性测试》（上海理工大学教材），参与起草《医疗器械可用性测试通用技术规范》等江苏省地方标准以及国家药监局医疗器械技术审评中心《医疗器械人因设计技术审查指导原则》，为促进医疗器械产业高质量发展起到了积极的作用。

尹勇: 高级工程师、IEEE高级会员、上海理工大学联合培养单位硕士生导师。现任SGS医疗器械服务线副总监,国际电工委员会IEC TC62及国际标准化组织ISO TC150医疗器械多个工作组成员、IECEE CB组织主任审核员、中国医疗器械行业协会人因工程专委会副主任委员、全国医用电器标准化技术委员会(TC10)等国内多个医疗器械标准化委员会专家委员。长期从事医疗器械检测及实验室管理工作,参与国内第一个可用性平台建设并主导了上海SGS可用性实验室的工程建设。主要研究方向为医疗法规和检测方法、标准编制、有源电气产品安全和性能评价。参与多项国家级课题和医用行业标准起草工作,出版译作一部;授权国际发明专利1项、国家发明专利2项、实用新型专利7项。

目　录

1 引言

本书旨在为人因专家及其他相关专业人士提供实用的指南，作为对优秀的根本原因分析主题书籍的有益补充(请参阅书末的参考文献)。特别是对于在医疗器械行业从事人因工程工作的读者，本书的价值更为显著。

各行各业的技术开发人员已践行根本原因分析(root cause analysis, RCA)60余年，这几乎与人因工程成为一门公认学科的历史一样长——人因与工效学学会。该技术的发展源于当时设计者们致力于提高汽车、火箭等复杂技术的可靠性(即降低故障率)。大多数读者可能都看过早期火箭在发射台或发射过程中爆炸的戏剧性视频，因此可以理解识别此类故障根本原因的重要性。

几十年来，火箭发射失败的根本原因包括螺栓断裂、电气故障和O形环侵蚀等[①]。相比之下，医疗器械使用错误导致伤害的、与用户界面(用户接口)相关的根本原因主要包括控件过于靠近、信息难以辨认，以及警报声音过小等。这些事例表明，即便是看似很小的缺陷也可能导致灾难的发生。

事实上，许多伤害与致命事件的发生都与用户界面设计缺陷引

---

① Metins Media & Math，《NASA's O形环问题与挑战者号灾难》。

发的使用错误有关。这些使用错误引起了诸如电击、辐射、药物过量和剂量不足、感染、失血（出血）、钝挫伤和低血容量（严重脱水）等后果，最终导致死亡。根据最近的估计，每年由医疗错误导致的死亡在美国总死亡事件中占比虽小却十分显著（约10%）[①]，总死亡人数达21万～40万人甚至更多[②]。

言归正传，进行根本原因分析，以识别医疗器械的用户界面设计缺陷，并保护其用户免受伤害。根本原因分析如同“侦查”——该方法结合系统性的分析和创造性的洞察，为识别可能导致伤害的问题原因提供了最佳机会。例如，分析人员曾发现，O形环腐蚀导致了“挑战者”号航天飞机固体火箭助推器内的高压高热气体泄漏，进而造成了灾难性的爆炸。医疗行业的分析人员也曾发现，医护人员需要启动输液，却意外关闭了静脉输液泵。理论上，只要知晓问题的根本原因——无论是前瞻性还是追溯性——就能对应采取纠正措施，以降低或消除未来出现此问题的可能性。

幸运的是，对于我们这些可能随时成为医疗消费者的人群来说，当今的人因工程标准和法规要求设备开发人员进行可用性确认测试，并对测试期间发生的任何使用错误进行根本原因分析。国际电工委员会发布的IEC 62366-1:2015[③]也建议将此类分析作为降低与使用错误相关的风险的主要手段，亦有类似标准适用于调查涉及医疗器械的不良事件。

因此，医疗器械制造商必须对使用错误进行有效的根本原因分析。对于可用性测试期间发生的特定使用错误，我们可以通过根本原

---

① Peter Carstensen在2008年退休前一直领导FDA的人因团队。他在2008年9月的人因与工效学学会年会上提出，当时美国每年发生的致命医疗错误中有10%是由使用错误造成的。

② James, J. T. 2013. “A New, Evidence-Based Estimate of Patient Harms Associated with Hospital Care.” Journal of Patient Safety, 9(3): 122–128.

③ 译者注：IEC 62366-1:2015，《医疗器械——第1部分：可用性工程对医疗器械的应用》。该标准已于2020年更新至IEC 62366-1:2015/Amd 1:2020。

因分析得出以下结论之一：

- 使用错误由用户界面设计缺陷导致。
- 使用错误完全由人为失误造成。
- 使用错误由测试方法缺陷引起。

将安全有效的医疗器械推向市场，取决于制造商是否有能力识别医疗器械使用错误的真正根本原因，并纠正所有可能构成不可接受风险的用户界面设计缺陷。同样地，制造商能否将医疗器械成功推向市场，亦取决于其根本原因分析的质量，因其能从中获知如何提高设备的可用性、安全性和吸引力。

此外，不充分的根本原因分析也可能会导致新设备在申请监管许可的过程中受阻，尤其当分析未聚焦于与设计相关的原因时。即便设备获得了监管机构的上市许可，不恰当的根本原因分析也可能会导致在实际的医疗护理过程中（而非在可用性测试模拟过程中）出现使用错误，从而造成对用户的伤害及其他制造商需承担的严重后果。

因此，医疗器械的安全性、有效性及其商业表现部分取决于对使用错误进行有效的根本原因分析。大多数根本原因分析在产品开发过程中完成，特别是在可用性测试之后。然而如前所述，此类分析也常见于对不良事件的调查中。读者将发现，本书侧重于可用性测试之后的根本原因分析，但也同样适用于对不良事件的反思。

综合以上介绍，本书希望能帮助读者了解以下内容：

- 采用系统方法识别使用错误的根本原因。
- 理解法规对执行根本原因分析的要求。
- 依据设备用户（如可用性测试参与者和不良事件相关人员）反馈，识别可能导致使用错误的用户界面设计缺陷。

- 依照人因工程原理，识别可能导致使用错误的用户界面设计缺陷。
- 在可用性测试报告中有效呈现根本原因分析结果。
- 制定用户界面设计的控制措施，以降低使用错误的发生概率。

2 根本原因分析过程

介绍

如引言中所述，我们希望为读者提供有关如何执行根本原因分析的见解。

有时，某些使用错误的根本原因似乎非常明显：一名护士将患者监护仪上显示为“68”的参数值误读成了“63”。

从以上案例中，你也许能立刻得出这样的结论：对于大约5 ft（1.52 m）的阅读距离来说，这些数字显示太小了。根据数字易读性的相关人因指南，10号字体[0.139 in（3.53 mm）]的数字甚至达不到从给定观察距离正确读取所需高度的一半[①]（图2.1）。

诚然，数字过小也许是导致上述使用错误的主要根本原因，然而这就是唯一的原因吗？尽管没有那么显而易见，是否可能有其他根本原因共同导致了这一使用错误？

---

① ANSI/AAMI HE75:2009/(R)2013，19.4.1.2节，字符最佳高度，子段落a。在观察距离为5 ft（60 in）时，数字高度至少需要为0.29 in（7.366 mm）以得到16′的最小视角。计算字符最小可视高度的公式为$h=2d\tan(x/2)$，h为字符高度，d为观看距离，x为可视角（以rad计算）。1 rad =3 437.747′。将以′表示的可视角除以3 437.747得到以rad表示的视角。

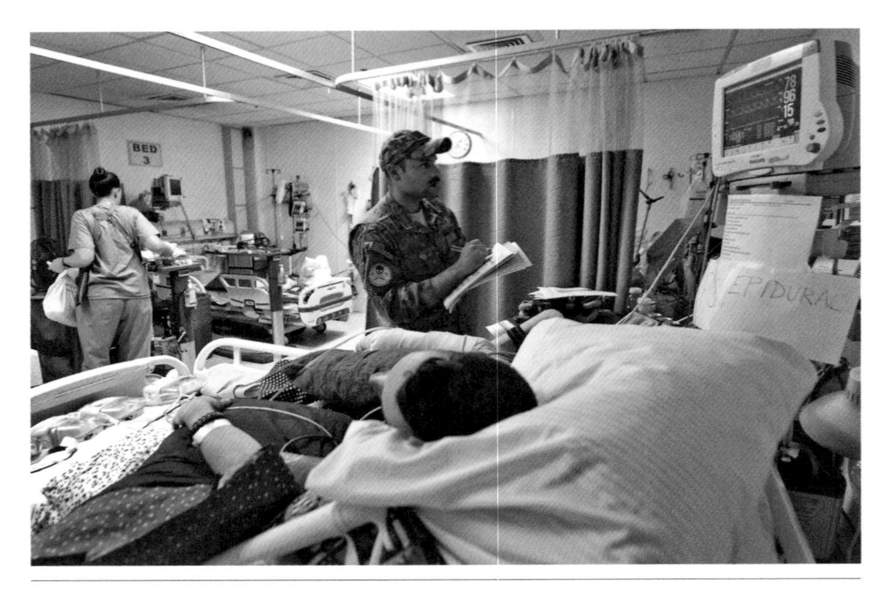

图2.1　护士从一臂距离之外查看患者监护仪
（前面讨论的假设性数字易读性问题并非特指此监护仪，来自空军医疗服务）

答案是需要将根本原因分析从“脑海中最先浮现”的原因（那些草率下结论识别的原因）拓展开去。在前述案例中，其他可能或至少部分促成数字易读性问题的根本原因可能包括以下几点：

- 数字与背景的对比度较差（例如中灰色背景上的黑色数字）。
- 用户视力障碍（如白内障等）引起模糊。
- 屏幕上出现眩光。
- 在运输过程中使用监护仪，从而引起图像抖动（例如行进中的担架、救护车或直升机）。

这些因素对易读性的影响如图2.2所示。本例中，它们将继续体现在手持血糖仪上。

那么有何扩展根本原因分析的好方法呢？这一问题的答案取决于许多因素，包括使用错误的特征和情景、能够并希望在分析中投入

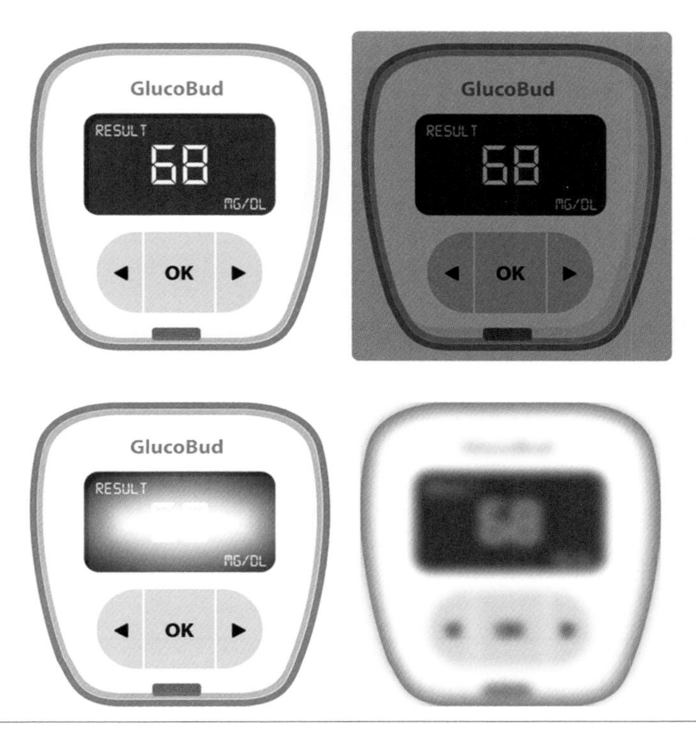

图2.2 左上方显示的葡萄糖测量值清晰可见，按顺时针方向，计算机生成效果依次展现了由于光线暗淡导致的数字与背景对比度降低、视觉障碍引起的模糊，以及眩光可能对测量值易读性造成的干扰

多少精力、可用于执行拓展分析的时间，以及支持更深入分析信息的访问权限。

根本原因分析已有许多文档化的方法（参阅本书第14章与书末的参考文献部分）。那么，本着为读者提供“一站式购物”的精神，本章描述了我们经常采用的根本原因分析工作流程和策略。这一过程包括以下七个步骤：

（1）定义使用错误。

（2）识别“暂时性根本原因”。

（3）分析轶事评论证据。

（4）检查设备的用户界面设计缺陷。

（5）考虑其他影响因素。

（6）提出最终假设。

（7）报告结果。

步骤1：定义使用错误

清楚地定义所关注的使用错误（如失效），需包括尽可能多的细节。记录导致失效的一系列事件，并定义确切的失效模式（例如没有开始注射，或输入了错误的剂量）。若在可用性测试之后进行根本原因分析，则应当回顾与使用错误相关的所有可用数据，包括视频记录、测试笔记或不良事件报告。有关如何在可用性测试、临床研究和上市后监测期间发现使用错误的指南，参阅第7章[①]。

拓展阅读2.1　前瞻性与回顾性的根本原因分析

前瞻性根本原因分析通常应用于产品的早期研发阶段。在前瞻性分析中，你需要推测在特定使用场景中“可能”发生什么。例如，当用户在昏暗的灯光下操作医疗器械时、匆忙完成一项任务时、使用基本功能相同的不同设备后再进行操作时等，会发生何种使用错误。通过详细的任务分析来识别失效点有助于完善前瞻性分析，包括检查与设备使用相关的所有感知、认知和行动。

识别到每个潜在的使用错误之后，应进行根本原因分析以确定可能导致这些失效点的可预见事件。你可能会得到一长串

① FDA人因和可用性工程在医疗器械中的应用指南草案（发布于2011年6月22日），6.2.3部分“功能与任务分析”。译者注：FDA的《行业和食品药品管理局工作人员指导原则草案——应用人因工程和可用性工程优化医疗器械设计》（出版于2011年6月22日），FDA于2016年、2022年9月更新草案。

可能的事件列表，但这在分析的早期阶段是可以接受的。此外，某一特定的失效往往由多种原因导致。

回顾性根本原因分析则在事件发生后开展（如你在某场可用性测试中观察到了一个使用错误）。在进行回顾性分析时，你可能已经掌握了特定的细节作为根本原因分析的基础。例如，你可能了解导致某一使用错误的确切事件序列，因为你已经观察到了该事件。此外，你可能对错误发生的原因有大致了解，因为你（或另一名测试人员）已经就使用错误的原因访谈了可用性测试的参与者。因此，回顾性根本原因分析应重点关注导致某一特定使用错误实例的根本原因，而前瞻性分析则是在预测未来可能发生的错误的根本原因。

步骤2：识别“暂时性根本原因”

尽管有草率下结论的风险，但我们认为只要做好改变主意的准备，识别若干个“暂时性根本原因”[①]可以是一个很好的开始。你可能对造成某种错误发生的原因已有初步的认知，那么不妨将其记录下来，再通过进一步分析来挑战最初的结论。譬如，你可能会怀疑可用性测试参与者忽略了一条重要的报警信息，是因为该信息不显眼（如放置在了设备的背板上）。

让多名分析人员分别识别暂时性根本原因可能会有所助益。他们可以随后进行讨论，将相同的初步发现汇总成一组暂时性根本原因。换句话说，分析人员遵循与人因专家同样的方法，对用户界面进行启发式分析[②]。这个方法基于这样的假设——“三个臭皮匠，顶个诸葛亮”。

① 译者注：即前面提及的“脑海中最先浮现”的原因。

② 用户界面的启发式分析通常需要三位人因专家独立地进行启发式评估设计（即广泛接受的设计规则），然后集中讨论比较，达成一致的结论。

事实上，美国医疗器械促进协会（The Association for the Advancement of Medical Instrumentation，AAMI）关于上市后监测的技术信息报告表明，让多名人员参与分析使用错误、发现根本原因具有重要价值。报告进一步指出，这一方法的价值尤其体现于在现场针对设备实际使用错误的分析。对该分析有助益的人选包括发生了使用错误的用户、用户的经理或同事（如使用错误发生在临床情景中）、熟知被研究设备的生物医学工程师、设备制造商代表（如设计工程师）、风险管理人员，也可能包括临床研究安全员（如使用错误发生在临床情景中）①。

步骤3：分析轶事评论证据

理想情况下，使用错误报告将包含当事人自述的错误的潜在原因。因此，如果你负责的可用性测试过程中发生了使用错误，请务必要求参与者提出原因（参阅第8章）。对参与者进行适当的后续访谈并收集足够的细节，才能使根本原因分析富有成效。如果你正在现场调查设备在实际使用过程中发生的使用错误（如作为上市后监督工作的一部分），请尽量在使用错误发生后尽快与当事人面谈，否则可能会带来挑战——相关人员可能并不总是准确、公开或诚实地回忆过去发生的事情。即便你访谈的初衷是为了识别导致使用错误的可能设备缺陷（而非用户缺陷），你也可能会使医疗专业人员说一些看似自证其罪的话。因此，受访者可能会由于担忧随之而来的法律诉讼，或因被建议避免讨论相关事件，而选择不愿意公开信息，甚至拒绝接受访谈。

若你有机会与测试参与者或设备实际使用过程中遇到错误的用户进行开诚布公的访谈，他也许能够准确指出根本原因，或者不知道自己为什么会出错。正如第9章所讨论的，用户经常将错误归咎于自

---

① AAMI TIR50:2014，《技术信息报告：使用错误管理的上市后监督》，8.4节“评估经验以确定根本原因”，第22页，阿灵顿，弗吉尼亚州，2014。

己，而非人因专家可能认为的真正根本原因——用户界面设计缺陷。因此，你必须仔细衡量参与者自述的根本原因，但要认识到，参与者的回答通常只能让你在一定程度上触及真正的根本原因，在衡量这些根本原因是否与设计相关时，你必须依靠专业经验和人因工程原理的知识。

总之，通过与出错的用户交谈，可以了解很多关于使用错误的根本原因。然而值得注意的是，不应只从表面上看问题的根源，而应依照本根本原因分析过程中描述的其他步骤，补充你在此步骤（步骤3）中所了解到的内容。

步骤4：检查设备的用户界面设计缺陷

在根本原因分析中，最有效的一步也许是检查医疗器械的用户界面设计缺陷。这一步与现行的假设相符，即绝大多数使用错误皆由设计缺陷引起，而不应归咎于——至少不完全归咎于用户（如健忘、注意力不集中、疲劳等）。人因专家可能已拥有一系列用户界面设计启发式思维库，并利用它们来识别设计缺陷。从某种意义上来说，他们将在步骤2中这样做。然而，专家们并非必须依赖完美的启发式思维，他们也可以利用各种参考资料[如ANSI/AAMI HE75:2009/(R)2013]，比照最佳设计规范，以确定设备在哪些方面有何偏离。请参阅第10章中列举的一些常见用户界面设计缺陷的实例，这些缺陷本可以通过启发式思维避免。此外，第12章中的许多实例展示了如何应用最佳实践规范，以确定使用错误的潜在根本原因。

步骤5：考虑其他影响因素

除了识别关于设备的根本原因外，你还应该考虑是否有其他因素影响，例如：

- 使用环境的特征，如照明、环境噪声水平、降水量和干扰。
- 环境中其他设备的用户界面特征（或缺陷）。
- 测试手工制品，例如由于“模拟”使用环境导致的任务提示不清晰或真实性不足（如外科医生使用手术器械模拟手术时，缺少真实的触觉反馈）。
- 参与者使用其他设备的习惯或经验对测试设备使用方式的影响（即负迁移）。
- 参与者的身体缺陷（如视力、听力、灵活性）与认知缺陷（如短期记忆丧失）。

拓展阅读2.2　将习惯和负迁移当作根本原因

你可以将使用错误归因于参与者的习惯——与给定医疗器械使用相关的个人行为或习惯做法。例如，某个参与者习惯在家使用笔式胰岛素注射器后，把用过的针头丢弃在生活垃圾中。在参与某场可用性测试使用全新笔式注射器时，此参与者可能采用同样的方法，将使用过的针头丢弃在任意垃圾箱中，而不是附近的锐器盒中。

另一相似但不同的潜在根本原因是“负迁移”。负迁移是指用户将其对一种产品的了解应用到另一种产品上，结果由于两种产品操作方式的差异，其在对后者的使用中出现错误。例如，参与者可能只从某透皮贴剂上取下两片离型膜中的一片，因为她在家里使用的贴剂只有一片离型膜。因此，在测试中使用新贴剂时，参与者可能不会考虑检查并移除第二片离型膜。

虽然习惯和负迁移可能是导致使用错误的根本原因，但在许多情况下，与设计相关的根本原因（即用户界面设计缺陷）仍是主要因素。在前面提到的透皮贴剂的例子中，部分由于负迁移，参与者没有揭下第二片离型膜。然而，参与者很可能是因为第二片离型膜透明、缺少拉片——不够显眼，而忽略了它。

最后，如果能考虑到这些潜在的问题，并寻求不易受到这些问题影响的设计解决方案，就可能避免因习惯和负迁移产生的相应影响。

步骤6：提出最终假设

接下来，我们需要利用前序步骤的结果，提出导致给定使用错误原因的最终假设。通过执行步骤1到步骤5，你可能已识别了几个根本原因。为提出最终假设，你需要挑战所有的备选根本原因，摒除那些不合理地归咎于用户的因素，以及那些实际应该为更深层次根本原因的结论。请参阅第14章中“五个为什么”（five whys）部分，了解为何连续多次提出“为什么”能带领你找到真正的根本原因。最后，你可能会汇总得出一个或多个根本原因。

我们说“假设”，是因为基于某使用错误的性质与分析过程，可能无法得出一个或多个确切可证的真正根本原因。这其中可能总有一定程度的猜测，毕竟人类行为多变且难以完全刻画。系统的根本原因分析的目的，是通过提供有力的证据和专业判断，最大限度地减少猜测，从而为某一可能无法绝对归因的使用错误做出最佳的可能解释。这为风险控制——为未来可能出现的使用错误提供保护——奠定了基础。

步骤7：报告结果

最后一步是报告根本原因分析结果。在步骤7中，你将对一个或多个使用错误的原因提出强有力的假设，并引用支持该假设的证据。报告或简或繁，取决于其目的和目标受众（如设计团队成员或监管者等）。第11章罗列了我们通常在此类报告中包含的内容，并提供了一些示例报告作为参考。

下一步

完成根本原因分析之后，下一步是进行剩余风险分析，以确定是否有必要进一步实施控制措施。有关剩余风险分析的更多细节，请参阅第11章。

在完成剩余风险分析的过程中，你可能会认为风险过高无法接受，有必要采取措施控制风险以降低未来发生失效的可能性。如你通过分析可用性测试中出现的使用错误，或基于前瞻性分析预测使用错误来识别根本原因，那么你的任务是在研发过程中对设备进行整改，以消除或进一步降低风险。如果现有（即已上市）的医疗器械在使用过程中出现使用错误，则你需要寻求适当的整改措施，以防止或减轻未来该设备使用错误将带来的不良后果。后一种选择可能属于所谓的纠正和预防措施[①]。如果你的整改措施涉及设备的用户界面更改，那么可将第13章作为参考。

拓展阅读2.3　什么是CAPA

CAPA代表纠正和预防措施。在医疗行业，CAPA是一种质量保证机制，与医疗器械生产质量管理规范（good manufacturing practice，GMP）密切相关，并被多个国际标准采用，以应对已知的质量目标偏差和不良事件。CAPA计划要求制造商识别并调查设备的质量问题，包括设备在实际使用（而非模拟使用）中造

---

① Inspections, Compliance, Enforcement, and Criminal Investigations, Corrective and Preventive Actions (CAPA).

成的伤害，并采取适当和有效的整改和/或预防措施以防止此类问题再次发生。CAPA的必要步骤包括验证或确认纠正和预防措施、与相关负责人沟通纠正和预防措施工作、邀请管理层审核相关信息等，并将这些活动记录在案。以上是有效解决质量问题、避免其再次发生，以及预防或最小化设备失效的必要步骤。

拓展阅读2.4　进行其他类型的根本原因分析

在第14章中，我们回顾了几种根本原因分析方法，你可以选择使用不同的方法分析使用错误。诸如"五个为什么"、"石川图"(Ishikawa diagramming)、"事故分析图"(accident mapping, AcciMap)等技术，可将使用错误置于更广义的情景中进行分析。这些技术不再局限于用户界面的设计缺陷，而是综合考虑使用环境和文化等各方面因素。

3 执行根本原因分析的法规要求

法规明确规定，有必要对在总结性（确认性）可用性测试中发现的使用错误进行根本原因分析。某些情况下，需要对不良事件进行同样的分析。根本原因分析为识别使用错误和确定预防方法建立了桥梁。

FDA法规

1996年10月7日，FDA修改了质量体系条例[①]（quality system regulation，QSR），明确要求医疗器械制造商（部分Ⅰ类设备、所有Ⅱ类和Ⅲ类设备）需将人因工程应用于设计控制流程。这项修改于一年后正式生效并且落地执行。相关的QSR描述如下：

> （c）设计输入。制造商应建立并维护相关流程，以确保设备设计需求的合理性，满足设备的预期用途及用户和患者的需求。该流程应包含用于处理设计需求不全面、不明确或相互矛盾的

① 美国联邦法（Code of Federal Regulations，CFR），第21篇“Food and Drugs”，Chapter Ⅰ，“Food and Drug Administration”，Department of Health and Human Services，Subchapter H，“Medical Devices”，Part 820，“Quality System Regulation”。

机制。设计输入要求应以文档记录，并由指定人员进行审核、批准。批准文件、日期及批准人签名都应记录在案。

(f)设计验证。制造商应建立并维护医疗器械设计的验证流程。设计验证应证明设计输出符合设计输入要求。设计验证的结果应包括设计名称、方法、日期和实施验证的人员，且应记录于设计历史文档(design history file，DHF)中。

(g)设计确认。制造商应建立并维护医疗器械设计的确认流程。在初始生产单元、批次或批量产品相应的规定操作环境下，严格执行设计确认流程，以确保每台设备符合规定的用户需求和预期用途。其中，设计确认流程需包括在实际或模拟使用条件下对医疗器械进行测试，适用时应包含软件确认及风险分析。设计确认的结果应包括设计名称、方法、日期和实施确认的人员，且应记录在DHF中。

这项修改很微妙，甚至“人因工程”以及可用性测试这个关键技术都未被特别提及。然而，更新后的QSR赋予了FDA在医疗器械上市前[如Pre-IDE、IDE、510(k)、PMA]审查人因适用性的权力[①]。(g)段中“在实际或模拟使用条件下对医疗器械进行测试”的表述，本质上是对进行可用性测试的要求。

尽管多年来一直低调执行，但FDA似乎在2005年前后加强了监管力度。据报道，医疗器械提交的人因工程数据质量参差不齐，这促使FDA在2011年发布了人因工程指南以应对这一情况。尽管该指南仅为草案，尚未达到实际实施的标准，但它阐述了FDA在审查人因工

① 适用性如FDA在其题为“Human Factors and Medical Devices”的网页上所述。该网页由FDA的人因项目、器械和放射健康中心的人因团队、器械评审办公室(Office of Device Evaluation，ODE)提供。

程数据时已经采用且将继续采用的审查方法。这份指南除了会有所变动外，实际上不存在任何“草案”性质。据悉，FDA这份草案收到了广泛评论，并且有望在不久的将来（或许在本书出版之前）发布最终版本[①]。因此，读者应该查阅FDA最新的人因工程指南。

FDA的HFE指南[②]（10.1.5节“解读确认性测试结果并解决问题”）表明：

> 产品设计、标签或培训要求中的问题应在确认性测试之前得到识别并解决。如果在确认性测试过程中出现使用问题，则通常表明前序的人因/可用性工程工作未得到充分实施。**对确认性测试的问题进行根本原因分析，应该从测试参与者的角度进行评估，并用测试数据支持这一判定。**数据分析应该纳入测试参与者对关键任务的体验、困难、“操作险肇”（close call）和操作失败的主观反馈。根据所需风险控制措施的情况，可能需要重新进行确认性测试。当操作失败或困难导致的风险超出最低限度，且由用户界面引发时，应该进行重新设计并实施有效的风险控制措施，然后对这些修改进行再测试，以确保它们能够成功地将风险降低至可接受的范围，同时不会引入任何新的风险。

在此指南中，FDA要求制造商对总结性可用性测试中出现的使用错误进行根本原因分析。分析时，需结合考虑参与者对该使用错误的主观理解和测试过程中的客观数据（如测试人员的观察结果）。

---

① 译者注：2016年2月，该指南正式发布并予以实施。

② FDA “Draft Guidance for Industry and Food and Drug Administration Staff—Applying Human Factors and Usability Engineering to Optimize Medical Device Design”（发行于2011年6月22日）。

欧盟法规

欧盟(European Union, EU)发布适用于其成员国的指令(即法规)。截至2015年年初,这28个成员国包括奥地利、比利时、保加利亚、克罗地亚、塞浦路斯共和国、捷克共和国、丹麦、爱沙尼亚、芬兰、法国、德国、希腊、匈牙利、爱尔兰、意大利、拉脱维亚、立陶宛、卢森堡、马耳他、荷兰、波兰、葡萄牙、罗马尼亚、斯洛伐克、斯洛文尼亚、西班牙、瑞典和英国[①]。

欧盟发布的《医疗器械指令93/42/EEC》明确要求医疗器械制造商遵守其基本要求,并间接地要求制造商符合欧洲版(EN)60601的第三版要求,包括其并行(横向)标准IEC 62366-1:2015[②]。截至2012年6月1日,IEC 60601的第二版未要求Ⅱa、Ⅱb或Ⅲ类医疗器械制造商遵守可用性标准[③],以证明其设备符合通用标准或获取CE认证。

IEC 62366-1:2015针对根本原因分析的描述如下:

> 应分析总结性评估的数据,确定所有使用错误的潜在后果。若某使用错误会导致危险情况的发生,则应基于对测试用户表现的观察和测试用户自身对其表现的主观评论,确定该使用错误的根本原因。

其他监管机构

对于除美国和欧盟成员国以外的国家和地区,监管机构要求制

① 欧盟成员状态列表可查阅最新资料。

② IEC 62366-1:2015,《医疗器械——第1部分:可用性工程对医疗器械的应用》。

③ “Medical Devices: Guidance Document, Classification of Medical Devices”, MEDDEV 2. 4/1 Rev. June 9, 2010.

造商以IEC 60601为基准，符合原始至最新版IEC 62366-1的要求。这些国家和地区包括加拿大、日本、新加坡、韩国和中国台湾地区。鉴于本书侧重点有限，请咨询当地法规专家以获取更多人因工程要求的细节。

4 适用的标准及指南

下列标准和指南适用于医疗器械使用错误的根本原因分析，并有助于形成本书提供的指导建议。

（1）U.S. Food and Drug Administration (Silver Spring, Maryland): "Draft Guidance for Industry and Food and Drug Administration Staff—Applying Human Factors and Usability Engineering to Optimize Medical Device Design" (issued June 22, 2011).

FDA，《行业和食品药品管理局工作人员指导原则草案——应用人因工程和可用性工程优化医疗器械设计》（出版于2011年6月22日）。

适 用 范 围

FDA的人因工程指南通过分析、测试和确认，为医疗器械设计优化提供了建议，致力于提高设备用户界面的质量，减少或消除设备使用过程中出现的错误。本文件中的建议对于制造商针对设备进行人因测试同样具有适用性。

风险分析是设计控制的一部分[①]，涵盖了与设备使用相关的

① 21 CFR 820.30.

风险。如果分析表明存在中度至高度的使用错误风险，或者出现制造商由于与使用相关的问题对已上市的设备进行整改的情况，特别是其采用纠正和预防措施时，制造商应根据本指南进行适当的人因测试。此外，对于以下情况，FDA人员可能要求制造商提交人因测试数据：① 法规要求提交人因信息的（如设备属于特殊控制类别）；② 设备类型的专用指南建议提交人因信息，且制造商不能合理证明可以豁免此类测试的；③ 基于正当理由，人因测试是解决FDA在该问题上的顾虑最简单的方法的。此时，制造商应该向FDA提交人因工程总结报告。

如前所述，FDA的人因工程指南描述了监管机构期望制造商在开发医疗器械时开展的人因工程活动。重要的是，FDA希望制造商进行总结性（即确认性）可用性测试，以记录所有与安全相关的使用错误（及操作险肇和使用困难），然后对其进行根本原因分析。该分析应避免聚焦于用户过失，而应更多地关注设备用户界面的不足（即用户界面缺陷）。

在会议报告和给个别制造商的信件中，FDA代表表示，监管机构并不关心严格意义上虽与可用性相关，但对个人安全或执行基本任务没有影响的使用错误。因此，制造商可以自行判断是否对此类问题进行根本原因分析。倘若制造商决定剖析所有用户交互问题的原因，这体现了其追求卓越设计的愿景，而非仅仅为了满足FDA或其他监管机构的期望。

（2）International Standard Organization (Geneva, Switzerland): ISO 13485:2003, “Medical Devices—Quality Management Systems—Requirements for Regulatory Purposes”.

国际标准化组织，ISO 13485:2003，《医疗器械——质量管理体系——用于法规的要求》[①]。

① 译者注：截至本书出版前，ISO 13485:2003已更新至ISO 13485:2016。

摘 要

ISO 13485:2003为需要证明其有能力提供持续满足顾客要求和适用于医疗器械与相关服务的法规要求的医疗器械及相关服务的组织规定了质量管理体系要求。

ISO 13485:2003的主要目标是便于实施经协调的质量管理体系的法规要求。因此,它包含了一些医疗器械的专用要求,删减了ISO 9001中不适于作为法规要求的某些要求。由于这些删减,质量管理体系符合此标准的组织不能声称符合ISO 9001标准,除非其质量管理体系还符合ISO 9001中所有的要求。

ISO 13485:2003中的所有要求是针对提供医疗器械的组织制,不论组织的类型或规模。

如果法规要求允许对设计和开发控制进行删减,则他们可以认为在质量管理体系中删减是合理的。这些法规能够提供另一种安排,这些安排要在质量管理体系中加以说明。组织有责任确保在符合ISO 13485:2003的声明中明确对设计和开发控制的删减。

ISO 13485:2003第7章中任何要求,如果因质量管理体系所涉及的医疗器械的特点而不适用时,组织不需要在其质量管理体系中包含这样的要求。

对于ISO 13485:2003中所要求的适用于医疗器械的过程,但未在组织内实施,则组织应对这些过程负责并在其质量管理体系中加以说明。

ISO 13485:2003要求医疗器械制造商建立质量管理体系。在此过程中,该标准含蓄地要求制造商进行风险管理,进而评估和降低与使用相关的风险。根本原因分析既然是识别降低风险机会的重要方法,也可以说进行此类分析是必须的。

（3）International Standard Organization (Geneva, Switzerland): ISO 14971:2007, “Medical Devices—Application of Risk Management to Medical Devices”.

国际标准化组织，ISO 14971:2007，《医疗器械——风险管理对医疗器械的应用》。

摘　要

ISO 14971:2007 明确规定了医疗器械以及体外诊断（in vitro diagnosis，IVD）设备制造商识别危险（源）的程序，以估计、评价和控制相关风险，并监测控制措施的有效性。

ISO 14971:2007 中的规定适用于医疗器械生命周期的所有阶段。

ISO 14971:2007通过呼吁医疗器械制造商识别与使用相关的风险，期望制造商将使用错误视为某种故障——类似于电气短路——且将构成风险。该文件提供了如何依据故障发生概率和可能产生的潜在伤害的严重程度估计风险等级的指南。此类估计可以使用多种方法完成，但大多数都是以失效模式和影响分析（failure modes and effects analysis，FMEA）为框架进行的。FMEA过程会形成一份包括潜在失效模式及其在风险控制措施（即补救措施）应用前、后的相关风险在内的表格。因此，如同刚才举例的电气故障，制造商需在FMEA表格（或其他风险估计方法的输出结果）中分配一部分篇幅用于探讨使用错误。

（4）International Electrotechnical Commission (Geneva, Switzerland): IEC 60601-1-6, “Medical electrical equipment—Part 1-6: General Requirements for Basic Safety and Essential Performance—Collateral Standard: Usability”.

国际电工委员会，IEC 60601-1-6，《医用电气设备——第1-6部分：基本安全和基本性能的通用要求——并列标准：可用性》。

摘　　要

IEC 60601-1-6:2010规定了制造商用于分析、定义、设计、验证和确认与医用电气设备基本安全和基本性能相关的可用性过程。可用性工程过程评估并降低了正常使用时由于正确使用或使用错误等可用性问题所引起的风险。其可用于鉴别与非正常使用相关的风险，但不用于评估或降低这类风险。

如果遵守本并列标准中所述的可用性工程过程，并且满足可用性确认计划中记录的接受准则（见IEC 62366:2007的5.9节），除非存在相反的客观证据（见IEC 62366:2007的4.1.2节），则该（医用电气）设备与可用性相关的剩余风险（如ISO 14971所定义）被认为是可以接受的。本并列标准的目的是规定在通用标准之外的广义要求，并作为特定标准的基础。本文件将IEC 60601-1-6第二版予以废止，并以技术修订后的版本进行替换。此次修订旨在与IEC 62366的可用性工程流程保持一致。因此，为使设备制造商和检测机构遵循此第三版内容研发产品并实施相应修改测试，SC 62A建议：对于新设计的设备，自公布之日起3年内不得采用本文件的内容进行强制执行；对于已经投产的设备，自公布之日起5年内不得采用本文件的内容进行强制执行。

实质上，IEC 60601-1-6是IEC 62366:2007的前身，也是IEC 62366-1:2015的前身。IEC于2004年首次发布IEC 60601-1-6。随后，IEC将该并行标准的适用范围扩展到更广泛的医疗器械领域，而非仅仅局限于电气设备。因此，在2007年，它发布了一项实质上是对原版标准进行修订和更新后的版本，并命名为IEC 62366（详见下面关于IEC

62366-1:2015的讨论）。

（5）International Electrotechnical Commission (Geneva, Switzerland): IEC 62366-1:2015, “Medical Devices—Part 1：Application of Usability Engineering to Medical Devices” .

国际电工委员会，IEC 62366-1:2015，《医疗器械——第1部分：可用性工程对医疗器械的应用》。

摘　要

IEC 62366-1:2015规定了制造商分析、定义、开发和评估医疗器械与安全相关的可用性过程。这个可用性工程（人因工程）过程允许制造商评估和降低与正确使用和使用错误（即正常使用）相关的风险。它可用于识别，但不评估或降低与非正常使用相关的风险。第一版IEC 62366-1及IEC 62366-2废止并替换了于2007年出版的第一版IEC 62366及其2014年出版的修订版1。第1部分更新融入了可用性工程的现代概念，同时对流程进行简化，不仅加强了与ISO 14971:2007的联系，也强调了应用于医疗器械用户界面安全性的风险管理方法。第2部分包含指南信息，旨在帮助制造商遵守第1部分，并对适用于医疗器械可用性工程的方法提供了更详细的描述，这些方法不仅考量医疗器械用户界面的安全性，还涉及更广泛的维度。

IEC 62366-1:2015与FDA的人因工程指南（见本章开头的“适用范围”）类似，要求制造商进行总结性（即确认性）可用性测试，记录所有与安全相关的使用错误（及操作险肇和使用困难），然后对这些事件执行根本原因分析。

注：2014年，IEC发布IEC 62366:2007修正案1（附件K），用于解决未知来源的用户接口（即在IEC发布可用性工程要求之前就已经投

入市场的设备）的可用性工程（又称人因工程）要求。该修正案要求对与使用有关的风险进行回顾性评估，以确定是否需要进一步采取风险控制措施。修订内容在更新版标准中采用“附件C——未知来源的用户界面评估（user interface of unknown provenance，UOUP）”的形式。

总体来说，本章所述的人因工程标准和指南要求制造商采取以下步骤：

（1）质量体系。质量体系的建立应包括风险管理过程，该过程须考虑广泛的风险，包括用户与医疗器械交互相关的风险。

（2）确认性可用性测试。进行确认性（即总结性）可用性测试，以确定用户是否能够在给定的医疗器械上以安全、有效的方式执行高风险的任务。假设通过各种风险控制措施能够降低执行选定任务时所产生的风险，制造商可以通过确认性测试证明这些措施是有效的。

（3）根本原因分析。确定在确认性可用性测试期间出现的任何用户交互问题（如与安全相关的使用错误、操作险肇和使用困难）的根本原因，并作为剩余风险分析的输入内容。

（4）剩余风险分析。对与安全相关的用户交互问题进行剩余风险分析，确定是否需要和如何降低此类风险。

（5）额外的风险控制措施。进一步实施必要和可行的风险控制措施，必要时可再次进行可用性确认测试。

5 风险和根本原因分析的语言表述

风险分析过程必须采用精准的语言和明确的术语，摒弃方言和隐喻。这种前瞻性的方法有助于避免沟通误差。鉴于深入理解风险分析有助于执行对使用错误的根本原因分析，初学者应掌握专业语言，避免使用不准确的词汇。

据你所知或通过学习本章定义的术语，能够了解“金属盒的锐利边缘是一种可能造成伤害的危险（源），因此构成风险”是准确的说法。然而，严格意义上称“锐利边缘”为一种风险是不准确的。正如后面所讨论的，“风险”是多元的概念，既包括发生伤害的可能性，也包括其严重程度。

以下是ISO 14971:2007[①]对一些关键术语的定义和说明。

风险分析——系统地运用现有信息确定危险（源）和估计风险的过程。

医疗公司通常制定详细的标准作业程序（standard operating procedures，SOPs），以描述风险分析方法。ISO 14971:2007对此提供了详细的指南。

---

① ISO 14971:2007，《医疗器械——风险管理对医疗器械的应用》。

伤害——对人体的损伤或对人体健康的损害，或对财产或环境的损害。

潜在的伤害举例如下：

- 房颤。
- 感染。
- 空气栓塞。
- 药物过量。
- 治疗延误。
- 烧伤。
- 手指压伤。

危险（源）——可能导致伤害的潜在根源。

危险（源）举例如下：

- 生物学危险（源），如细菌、病毒和非灭菌材料。
- 化学危险（源），如高浓度药物、药物错用或过期药物。
- 能量危险（源），如辐射、电能、高温或振动。
- 操作危险（源），如测量错误、设备组装错误或流速设置错误。
- 物理危险（源），如夹点、暴露的针头，或者重复性动作。

危险情况——人员、财产或环境暴露于一个或多个危险（源）中的情形。

危险情况举例如下：

- 嘈杂的急诊室。在一家医院的急诊科中，由于人们大声交谈、设备移动、室内空调运转、电话铃声，以及频繁同时响起的设备报警等多种噪声，护士无法准确捕捉到特定监护仪发出的呼吸

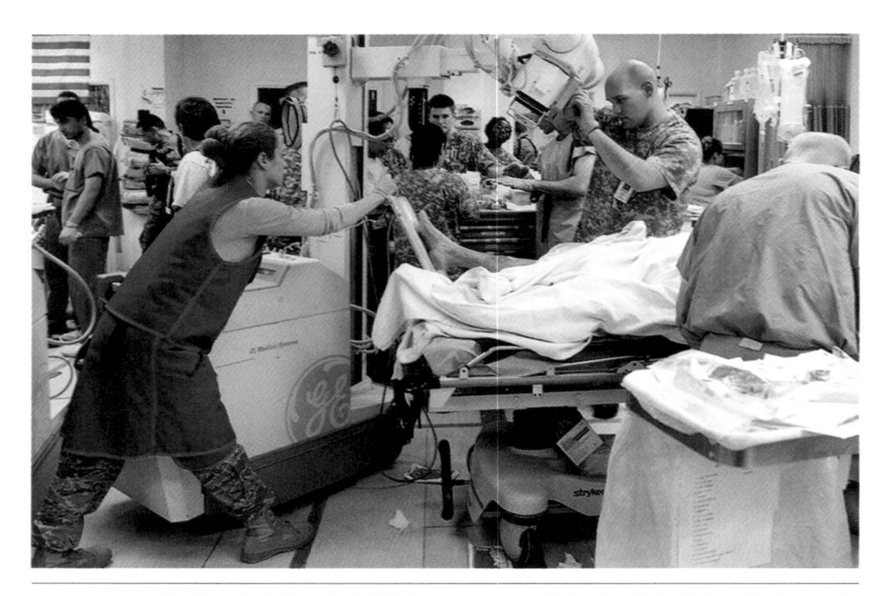

图5.1　急诊科的环境噪声水平可能很高，存在人员交谈、设备噪声、公共广播和电话铃声等
（图片来自美国国防部，由美国空军技术军士 Jeromy K. Cross 拍摄）

暂停警报（即患者呼吸停止），最终导致该名患者缺氧（图5.1）。

- 笔式注射器的残余剂量。某位糖尿病患者在早餐前需要通过笔式注射器注射20单位的胰岛素。在过去数天的使用后，他所使用的笔式注射器仅剩8单位的胰岛素，因此他必须分别使用两支胰岛素注射器以达到目标剂量。然而却因为计算失误，他注射了过量的胰岛素（即药物过量）。
- 胸腔引流阻塞。一位接受胸腔引流的患者正在进行漫长的手术，术中出现胸腔引流管阻塞（堵塞）。同时，附近存有一台用于清除手术部位产生的血液和其他废物的高吸引力设备。手术组成员误将此设备管路连接到胸腔引流管上，以消除阻塞，最终导致患者肺部产生高真空状态，引发组织损伤。

注：更多案例详见IEC 62366–1:2015的“附件B——与可用性相关的危险情况示例”（图5.2）。

图5.2 各种危险情况的警告标志示例

预期用途——按照制造商提供的规范、说明书和信息，对产品、过程或服务的预期使用目的。

预期用途举例如下：

- 胰岛素泵。该设备可以通过设置来连续输注胰岛素，预期用于患有糖尿病的青少年和成年人，但不包含无人监护的儿童（如13岁以下）。
- 手术机器人。该设备使得外科医生通过远程控制实现精准的手术操作，但仅适用于接受过严格且长达一周相关设备培训、经过考核且合格的、有资质的外科医生。
- 雾化器。该设备将液体药物（如治疗囊性纤维化的多纳斯阿尔法酶）转化成气溶胶形式以便进行吸入治疗，但仅适用于特定药物的给药。

使用错误——由于一个动作或动作的疏忽，而造成不同于制造商预期或用户期望的医疗器械响应。

虽然“使用错误”（use error）一词与“差错”（mistake）同义，但在技术层面上，部分专家仅将用户故意犯错描述为“差错”（参阅第6章）。在涉及使用错误的情境中，用户是否因为设备或使用环境出现操作错误（疏忽或失误）并不重要。

使用错误举例如下：

- 误设流速。护士将输液泵流速设置为100 mL/h，然而处方为10 mL/h，这种使用错误将导致用药过量。
- 未混合药物。一种多用途自动注射器中包含两种药物，这两种药物在器械静止时会相互分离。用户使用前未进行药物混合，这种使用错误（疏忽）将导致注射药物成分比例错误。
- 未打开夹钳。透析技术员忘记打开透析液袋上的夹钳。这种使用错误（疏忽）导致透析液无法通过透析设备的管路流入患者体内。

可能性——对伤害事件发生频率的估计。

可能性（即频率）通常使用量表定义。表5.1是一个5×5矩阵的量表[①]。

表5.1 可能性5×5矩阵量表

可能性	概率范围示例
经常	≥1/1 000
有时	<1/1 000且≥1/10 000
偶然	<1/10 000且≥1/100 000
很少	<1/100 000且≥1/1 000 000
非常少	<1/1 000 000

表5.2是一些使用错误示例及其可能性等级（即出现使用错误并导致伤害的可能性）。

---

① ISO 14971:2007，《医疗器械——风险管理对医疗器械的应用》，附录D.3.4.2 半定量分析，表D.4。

表 5.2　使用错误示例及其可能性等级

可能性等级	可能性	使用错误示例
5	经常	患者未持续在用药手机应用程序中记录使用剂量
4	有时	患者摔落设备
3	偶然	患者未听到警报
2	很少	患者未安装电池
1	非常少	患者接错设备电源线

严重度——危险(源)可能后果的度量。

如前所述,伤害的严重度通常使用量表定义。表5.3是一个5×5矩阵的量表[①]。

表 5.3　严重度 5×5 矩阵量表

严重程度	描　述
灾难性的	导致患者死亡
危重的	导致永久性损伤或危及生命的伤害
严重的	导致要求专业医疗介入的伤害或损伤
轻度的	导致不要求专业医疗介入的暂时伤害或损伤
可忽略的	不便或暂时不适

这些分级可根据伤害的持久程度作进一步描述。

表5.4为伤害示例及其严重度等级。

表 5.4　伤害示例及其严重度等级

严重度等级	严重程度	伤 害 示 例
5	灾难性的	空气栓塞
4	危重的	系统性感染
3	严重的	过敏反应
2	轻度的	治疗延误
1	可忽略的	注射部位不适

① ISO 14971:2007,《医疗器械——风险管理对医疗器械的应用》,附录D.3.4.2 半定量分析,表D.3。

对使用错误及其伤害发生概率和严重度赋值的过程称为风险估计。

风险——伤害发生的概率和该伤害严重度的组合。

一般来说，风险的量化是可能性等级（如3表示偶然，1表示非常少，5表示经常）与潜在危险的严重度等级（如3表示严重的，1表示可忽略的，5表示灾难性的）的乘积（如 $3 \times 3 = 9$），该结果称为风险系数（risk priority number，RPN）（图5.3）。因此，尽管经常被非专业人士误用，风险并不等同于伤害产生的可能性。

显然，当伤害的可能性和严重度都很高时，风险相应较高。反之，当伤害的可能性和严重度都很低时，风险相应较低。那么该如何评价高和低等级的组合呢？在这种情况下，如果伤害发生可能性很低，但严重度很高，该风险很可能是不可接受的。

注意，风险计算方法并不仅限于此。例如，还有一种方法将用户察觉到错误的可能性（如可探测度）和在发生严重伤害之前纠正的可

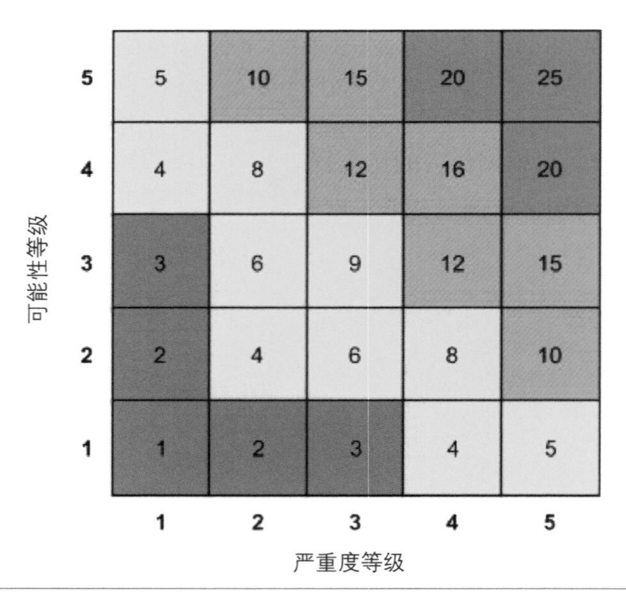

图5.3　风险等级的图形化评价矩阵，使用颜色表示处于较可接受范围和较不可接受范围内的风险

能性纳入考量。

风险评价——将估计的风险和给定的风险准则进行比较，以决定风险可接受性的过程。

评价医疗器械风险时通常会参考ISO 14971:2007，以确定哪些是可接受的风险。常用方法包括设定数值限制，以判断是否需要风险控制措施。例如，制造商可能认为RPN≥8的风险是不可接受的，此时需要风险控制措施。

在评估风险时，有三种可能的结果：

- 风险很高，因此不可接受。
- 风险很低(即可忽略)，因此可接受。
- 风险既不可忽略，也并非很高，但是是不可接受的。

在最后一种情况下，ISO 14971:2007建议制造商降低风险至“合理可行的最低水平”(as low as reasonably practicable, ALARP)。这种方法需权衡降低风险的潜在收益和实施成本。如果成本过高，制造商可能会接受该风险。

拓展阅读5.1 ALARP与ALAP

ISO 14971:2007要求制造商针对每个识别到的危险情况，运用风险管理计划中的风险评价标准来判断是否需要降低风险，同时表明应在合理可行的范围内尽可能降低风险。然而，相应标准的欧盟转化版本(EN ISO 14971:2012)要求制造商遵循一种不同的风险可接受性评价方法。具体而言，欧盟版本要求制造商必须将风险降低到“可能的最低水平”(as low as possible, ALAP)，而非“合理可行的最低水平”。

当采用ALARP方法时，制造商应在可行的范围内(如经济上可行)降低不可接受风险。如果无法进一步降低风险,制造商可以进行风险/受益分析,衡量预期用途下的医疗收益是否大于剩余风险。

相比之下,ALAP方法不允许制造商在判断是否进一步降低风险时考虑可行性和财务方面的问题。相反,制造商应该尝试降低所有的风险。在以下情况下,制造商无须降低风险:①不存在可以进一步降低风险的额外风险控制措施;②制造商已经采取了有效的风险控制措施,且实施额外的风险控制措施也无法进一步降低风险。因此,为满足欧盟监管要求,制造商应该证明自己已经将所有风险降至可能的最低水平,尽管可能会增加额外的负担。

此外,欧盟版本的ISO 14971指出,制造商在进行总体风险评价时,不应将说明书和培训作为风险控制措施。相应地,该标准呼吁制造商修改设计以降低风险,这通常是通过降低使用错误发生的可能性而不是降低使用错误造成的伤害严重度来实现的。

风险控制——作为决策并实施措施,以便降低风险或把风险维持在规定水平的过程。

控制或降低风险的常用方法是通过固有设计变更消除危险(源)(如锐利边缘)或增加防护措施(图5.4)。其他风险控制方法(即措施)不如以上两者有效,例如通过警告和培训以避免伤害。

剩余风险——实施风险控制措施后还存在的风险。

剩余风险的概念表明,任何医疗器械都无法在保持功能有效性的情况下彻底消除风险。例如,某款手术刀具有刀片回缩的功能以防止未使用状态下割伤用户,但在使用状态下,或许永远无法找到有效方法以确保外科医生不被割伤。考虑到可行性,以及实施进一步风险控

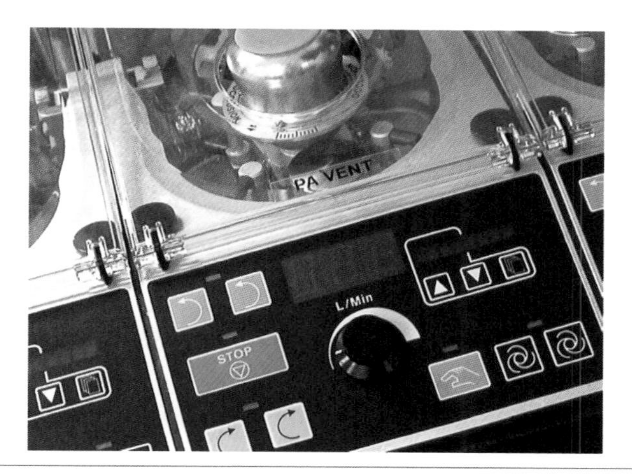

图 5.4 含有一个设计相关的风险控制措施（紧急停止按钮）的呼吸机

制措施的成本，业界专家及学者对于接受何种程度的剩余风险意见不一（见拓展阅读5.1）。

6 使用错误类型

分类错误可以有许多种方法。你认为什么是最有用的方法取决于你想把事情做得多简单或多复杂，以及你想要完成什么。在这一章中，我们将回顾一些基本的分类方案（即分类法）。

感知、认知和操作错误

以下是IEC 62366-1:2015[①]中讨论的感知、认知和操作的组织架构。

感知错误——医疗器械产生的刺激没有引起用户的注意（如警报声太小，在环境噪声中听不到）或被错误感知（如数字“3”被视为“8”）（图6.1）。除了听觉和视觉，感知错误还与触觉（点击按钮）、嗅觉（嗅到胰岛素泄漏的气味）和味觉（品尝吸入药物接触到舌头时的味道）有关。此时，你无法观察到用户是否出现错误，但他可能描述有错误发生，或者出现操作错误或没有采取必要的操作，从而揭示这种错误。例如，你可以观察到一个有高频听力损失（老年性耳聋）的人对高频警报没有反应。

① IEC 62366-1:2015，《医疗器械——第1部分：可用性工程对医疗器械的应用》。

图6.1 感知错误是指医疗器械产生的刺激没有引起用户的注意

认知错误——用户不记得某些重要事项（如忘记释放血管夹），或者在知识不完整或有缺陷的情况下得出错误的结论（如当药物应通过肌肉注射时，却采取了静脉注射的方式）（图6.2）。这种情况与感知错误类似，你不能通过观察识别用户是否出现错误，但是可以根据前文所述的方法进行推断。例如，你可以观察到药剂师因心算失误在冻干药物（干粉）中加入了过多的稀释剂。

图6.2 认知错误是指用户不记得某些重要事项，或者在知识不完整或有缺陷的情况下得出错误的结论

操作错误——用户做出（通常可以观察到）错误行为（如按错了按钮），或者在某种程度上未能完成某个必要步骤的情况（如无法施加足够的力使两个组件正确连接）（图6.3）。

图6.3 操作错误是指用户做出错误行为或未能执行必要的步骤

注意,IEC 62366-1:2015有意将“使用错误”一词的范围缩小:

> 根据标准定义,使用错误发生在交互周期的“操作”阶段。这意味着发生在感知(如误读显示内容)或认知阶段(如误算总和)的错误不被认为是使用错误。感知错误和认知错误被认为是造成使用错误的因素或原因[①]。

从风险控制的角度来看,这种对使用错误的思考方式具有一定的实际意义。没有人会因为没听到警报或犯了心算错误而直接受到伤害,伤害只能来自用户采取了错误的操作或未能采取必要的操作。例如,没有听到警报可能会导致对警报没有回应的使用错误,没有进行正确的心算可能会导致用药量过低的使用错误,因为用户选择的药量浓度过低。所以,从IEC标准的角度来看,使用错误发生于操作医疗器械的过程中,而非感知刺激或思考该做什么的过程。

IEC 62366-1:2015进一步明确了使用错误与医疗器械的正常使用和非正常使用的关联性。正常使用等同于正确使用[②],正确使用意味着用户按照制造商的预期操作设备。护士在重症监护病房使用静

① IEC 62366-1:2015,《医疗器械——第1部分:可用性工程对医疗器械的应用》,定义3.21“使用错误”,23页。

② 译者注:此处存在争议,正常使用应包括正确使用和使用错误。

脉输液泵给患者补水的情况被认为是正常或正确使用。另外，非专业用户在家中使用相同的设备输送抗生素可能会被认为是非正常使用，因为这超出了该输液泵的预期用途。正常使用和非正常使用之间的界限可能存在争议，因为尽管对设备使用设置明确的规定限制，制造商对可能的规定场景外的设备使用情况的责任范围存在不同的看法（即标签外使用）。

拓展阅读6.1 瑞士奶酪模型

James Reason和Dante Orlandella被认为是瑞士奶酪模型（Swiss cheese model）的发明者，该模型为事故反思提供了一种特别的评估方式。在应用该模型对医疗器械事故（又名不良事件）评估时，奶酪片代表为防止意外而做的努力，例如设计可用性较好的用户界面、采取安全措施以防止用户暴露于无法消除的危险（源）中、增加提醒用户采取预防措施的警告、指导安全交互的说明书。奶酪片上的孔代表了预防措施的局限性和不足。箭头穿过对应的孔，模拟展示出因预防措施不充分可能发生的使用错误，甚至事故——受伤或死亡（图6.4）。

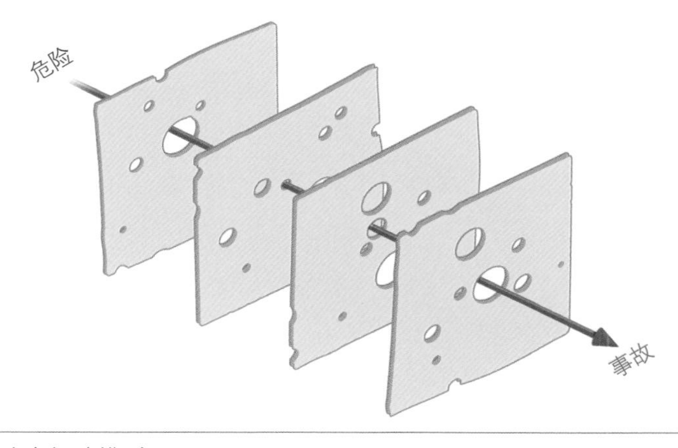

图6.4 瑞士奶酪模型

拓展阅读6.2 标签外使用

当使用方式超出了处方或非处方药物，或者设备制造商已证明安全、有效的适应证时，即为标签外使用。标签外使用可能为将产品用于未经批准的年龄范围、剂量或给药形式。尽管缺少足够的数据支撑，标签外使用通常是合法和常见的。然而，如果违反了既定的安全或道德法规，标签外使用就是非法的。即使是合法的标签外使用也可能存在潜在的健康风险。在美国，医疗专业人员并未被禁止开具FDA批准药物用于标签外使用。然而，在未经FDA明确批准下，制造商不得针对药物的标签外使用进行广告宣传。

疏忽、失误和差错

有趣的是，IEC 62366:2007过去以独特的方式对错误进行分类，这种方法与现在普遍采用的通过感知、认知和操作的流程来分析任务的理念联系并不紧密。根据近期备受赞誉的书籍《日常用品的设计》[①]中所描述，它将使用错误分为以下几类：

疏忽（slip）——用户的行为与他/她的预期不一致的情况。原本打算将30 mL药物灌入注射器，却莫名其妙地装了60 mL，这种情况可被视为是疏忽，也有人会称之为“精神疏忽”。用户可能会惊讶于自身疏忽，困惑于为什么会做出“如此愚蠢的事情”，也有可能根本没有注意到疏忽的发生。

失误（lapse）——用户忘记执行必要操作的情况。忘记打开透析机的液体管路夹可被视为失误。这种情况不一定是一个可观察到的

① Norman, D. 1990. The Design of Everyday Things. New York: Doubleday Business.

事件，然而如果你明确知晓应该采取什么行动，并观察到其并未被执行，那么这个问题便可以被识别出来。

差错(mistake)——用户有意采取行动但操作错误(或不采取行动)的情况。用户将输气管路错误地判断为输液管(如5%葡萄糖水)，有意将输气(如氧气)管路连接到静脉输注口，这种行为可被视为差错。

图6.5描述了护士错误地将输气管路连接到无针静脉端口。根据前文定义，这个使用错误很可能是一个差错，因为护士的行为是有意但错误的。使用错误不太可能来自失误，因为其操作是按照预期进行的。此外，使用错误也不太可能来自疏忽，因为护士并没有记忆力减退。你可能会理解为护士忘记了输气管路不应该连接到静脉端口，但这并不太可能，因为这种连接方式违反了基本的安全惯例。更有可能的情况是，因为两者看起来都是透明的，护士误将输气管路当成了液体管路。

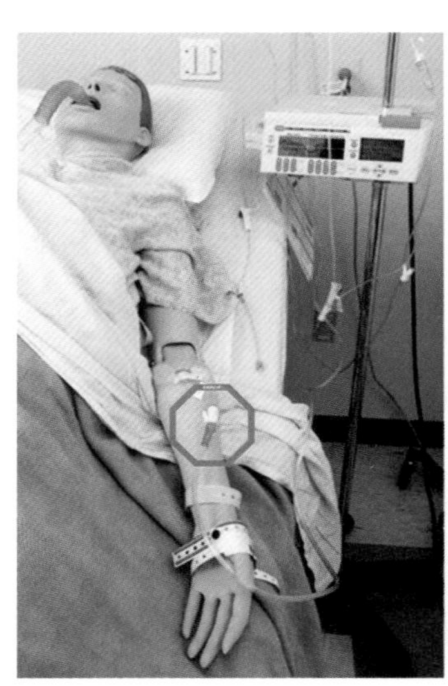

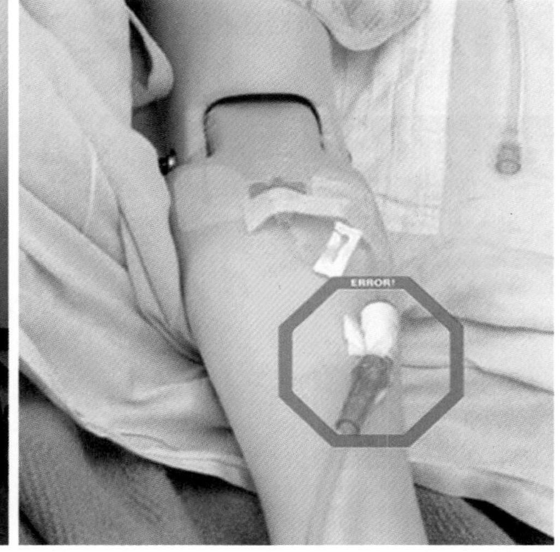

图6.5　FDA发布的《2009年医疗器械安全日历》中描述的输气管路与无针静脉端口连接的模拟案例

失误和疏忽造成的错误

另一种考虑使用错误的方法是将它们分为以下两类：

失误造成的错误(error of commission)——用户操作错误的情况。例如：

- 按错了键盘上的按键。
- 在试纸上涂抹了过多的血液(图6.6)。
- 将电池反向插入设备。

疏忽造成的错误(error of omission)——用户本该采取行动却没有采取行动的情况。例如：

- 将信息输入数据库后没有按键盘上的“输入”键。
- 使用吸入器吸气前不呼气。
- 将无针注射器连接到鲁尔接口前不用酒精棉签擦拭接口。

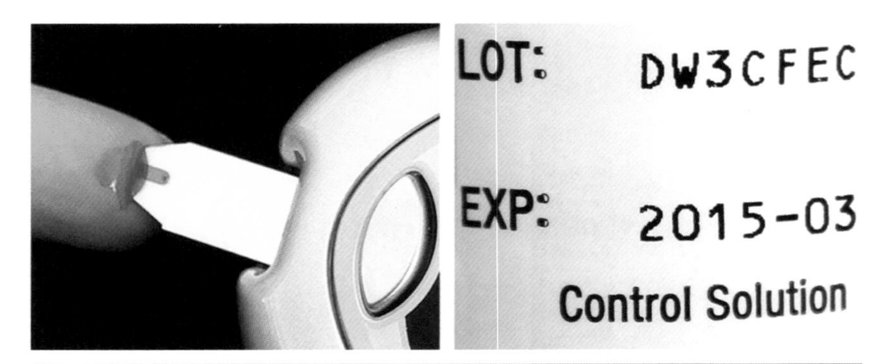

图6.6 在血糖测量仪的试纸上涂抹了太多血液，这被视为失误造成的错误(左)。未检查试纸的失效日期，进而使用了过期的试纸，这被视为疏忽造成的错误(右)

与安全相关/不相关的使用错误

医疗器械开发者在对可用性测试中出现的使用错误进行区分的过程中，逐渐出现了另一种分类方法。这种方法侧重于错误的安全相关性。

与安全相关的使用错误——可能造成伤害的使用错误（即构成风险）。例如：

- 使用接触过非无菌区域后的手术器械。这种情况可能会导致手术部位感染。
- 在自动体外除颤器产生电击时触碰患者。这种情况可能会导致患者和护理人员触电。
- 使用雾化器后不清洗呼吸管路。这种情况可能会导致细菌在管路中生长，并在下一次治疗期间感染用户的呼吸道。

与安全不相关的使用错误——不会造成伤害的使用错误（即不会构成风险）。例如：

- 丢弃仍含有大量药物的可重复使用的笔式注射器。这种情况可能仅会造成物质浪费和不便。
- 在数据输入框中输入患者姓名后，按“清除”键而非“输入”键。假设该使用错误不会导致治疗的恶性延误，这种情况可能仅会造成时间浪费。

部分制造商在进行风险分析的过程中，将与安全相关的使用错误细分为高风险和低风险两个子类别。如此划分的目的在于，他们能够借此区分是否需要对其进行根本原因分析，以及实施进一步的风险控制措施。

7 识别使用错误

在可用性测试过程中识别使用错误

可用性测试是识别医疗器械交互过程中优势和不足的金标准。在一次或多次测试中出现的使用错误是设备改进的潜在机会。此外，也需关注操作险肇、使用困难、任务执行缓慢以及参与者的负面评价等重要迹象。

在进行可用性测试之前，你应该定义正确或错误的任务表现。第一步是基于任务分析结果，确定完成每个任务所需的所有预期操作。列出在使用相关的风险分析中出现的所有使用错误（参见第5章中的定义）。你可以将预期操作和潜在的使用错误整合起来以创建工具，例如使用错误检查表，用于在可用性测试期间记录任务执行情况。

使用错误检查表可以是纸质和/或电子版本的。电子版本可以是Microsoft Excel电子表格或专门的数据记录软件，如广泛使用的TechSmith公司的Morae®。这些数字化选择能个性化定制数据收集方式，减少数据分析员在测试过程中的工作量。例如，预输入选项功能可使数据分析人员快速选择出预输入的使用错误，而不用重新输入。

拓展阅读7.1 使用错误检查表示例

纸质的使用错误检查表可以列出预期操作和潜在使用错误(use error, UE)。例如，某吸入器的总结性可用性测试中所用的使用错误检查表如下所示：

任务1：使用吸入器给药

——移除吸入器盖子

[UE]用户没有移除盖子

——摇匀吸入器至少10 s

[UE]用户没有摇动吸入器

[UE]用户摇动吸入器短于10 s

——充分呼气

[UE]用户没有充分呼气

[UE]用户向吸入器呼气

——将吸嘴放入口中

[UE]用户未用唇部与吸嘴形成充分密封

——按压吸入器药瓶然后吸入药雾

[UE]用户没有完全按压药瓶

[UE]药瓶按压后延迟不小于1 s吸气

——屏气至少5 s

[UE]用户吸入后没有屏气

[UE]用户屏气少于5 s

——更换吸入器盖子

[UE]用户没有更换盖子

参与者每完成一个步骤时，测试人员应在纸质检查表上核对，圈出出现的相关使用错误。若出现使用错误检查表中未包含的使用错误，测试人员应该详细记录发生的错误。在总结性可用性测试中，应该为每个任务撰写类似的检查表。在某些情况下，形成性可用性测试期间也会使用此类检查表。

除了寻找可预见的使用错误之外，可用性测试人员还应该注意未预见（意料之外）的使用错误。尽管在早期分析和测试过程中已经预见并观察到了所有可能的使用错误，但是不可预见的使用错误仍然非常普遍，甚至在测试后期也是如此。可用性测试人员应该在整个测试过程中频繁地沟通交流，以确保所有测试团队成员都能够认识并汇报任何未预见的使用错误。

某些使用错误是很容易被发现的，例如将一个组件（如过滤器、电池、储液器）装反，因为这类使用错误很明显，而且在测试过程中很容易观察到。同理，快速地执行测试任务和/或观察视角不理想可能会阻碍实时错误检测。在这种情况下，测试人员可以在测试后回看用户-设备交互的特写和/或慢动作视频，以发现那些未被当场发现的使用错误。

拓展阅读7.2　通过回顾可用性测试视频来检查使用错误

有时，可用性测试人员必须通过视频回顾才能发现某些使用错误。设想这样一个可用性测试场景，在评估鼻腔内给药装置（即鼻腔喷雾）时，要求用户在两个鼻孔之间平均分配剂量。理想情况下，测试人员应该记录鼻腔给药的近距离、高分辨率视频,并在测试结束后进行回顾,以确定参与者是否为每个鼻孔平均分配了剂量,抑或是出现一个鼻孔剂量过高而另一个鼻孔几乎没有给药的使用错误。

有些使用错误无法通过实时观察或视频回顾被发现,仅仅是因为测试人员看不到这些使用错误。在这种情况下,可以通过等待其他事件的发生来识别这些使用错误。例如,一名护士在设定肠内泵(一种通过鼻胃管或经皮饲管输送流食的装置)时,可能会错误地将400 mL/h的流速输入500 mL/h。她的目标按键是“4”,但却无意中按下了键盘上的“5”。然而,无论用户本身意图如何,如果400 mL/h和500 mL/h都是合理的参数,那么测试人员可能不会立即意识到这并非用户的预期结果。如果在某些使用场景中较高的流速不是明显的错误,或者护士暂时将泵的屏幕移至测试人员的视线范围之外,测试人员将无法立即发现错误。只有在护士返回到显示速率的主页时,测试人员才可能发现错误。在后续访谈中,护士可能会主动提到该错误,或者只在询问其是否记得出现错误时,她才可能会想起或提及该错误。

在临床研究中识别使用错误

在临床研究中,有几种方法可以发现设备的使用错误。其中一种是像在可用性测试中一样观察用户。然而,这种观察效率可能较低,因为此时用户多以常规的方式使用设备,可能永远不会执行非常用任务或遭遇罕见的故障(如泵失效、屏幕失效、由于过热而自动关机)。相对而言,可用性测试能够将用户置于不常见的使用场景中,并模拟组件故障。尽管如此,在临床环境中进行观察有助于获取最真实的使用场景。

另一种在临床使用中发现使用错误的方法是请临床医生和/或患者通过纸质或电子日志的方式记录使用错误。除了记录自己所犯的使用错误外，还可以请临床医生记录他们观察到的患者所犯的使用错误。

日志记录方法的一个缺陷在于，实际发生的事件与临床医生或患者在日志中记录的错误之间可能存在差距。例如，临床医生可能不知道他/她犯了错误，所以并未记录在日志中。测试人员可以在临床研究过程中询问用户对该设备的使用体验，以及是否记得使用该设备时犯过任何错误。这些访谈可以通过电话或面对面进行，也可以以一对一或与多位临床研究参与者以小组讨论的方式进行。如果人们每天或每周如实地记录使用错误，日志记录方法可能会捕捉到更多的使用错误。相比之下，仅仅在临床研究接近尾声时进行一次访谈调查，用户可能会因为时间久远而忘记过去的使用错误或其相关细节。

以下是家庭透析机临床研究中的参与者可能在日志中记录的一些使用错误：

- 不慎将一次性管路掉落在地面，考虑其已受污染，不得不将其丢弃。
- 接触管路之前未能进行手部消毒。
- 使用了过期的透析液。
- 在连接至管路时误选了错误浓度的透析液袋。
- 在设置透析机时错误输入治疗时间，从而导致每个循环中透析液停留在腹腔内的时间缩短。

在设备生命周期中识别使用错误

根据ISO 13485:2003[①]和ISO 14971:2007[②]的要求，制造商需要对

---

① ISO 13485:2003,《医疗器械——质量管理体系——用于法规的要求》。
② ISO 14971:2007,《医疗器械——风险管理对医疗器械的应用》。

医疗器械进行上市后监管。此举的意义在于,制造商必须谨慎地监测上市后信息,以确定是否有迹象表明其设备对用户构成的风险超出预期或监管许可的风险范围。换句话说,他们必须监测由使用错误导致或险些导致不良事件的情况。如出现这类情况,制造商需要召回或采取其他补救措施。

FDA的人因工程指南①为业界提供了以下资源,列举了使用错误导致不良事件的各类报告:

- FDA的制造商和用户设备体验(manufacturer and user facility device experience,MAUDE)数据库。
- FDA的医疗器械不良事件报告(medical device reporting,MDR)系统检索。
- FDA的不良事件报告数据文件。
- FDA的医疗器械安全监测网络(medical product safety network,MedSun)。
- CDRH医疗器械召回。
- CDRH警报及通告(医疗仪器)。
- CDRH公共卫生通告。
- 急救医学研究所(Emergency Care Research Institute,ECRI)医疗器械安全报告。
- 安全医疗实践协会(Institute of Safe Medical Practices②,ISMP)药品安全警戒快讯。
- 国际医疗卫生机构认证联合委员会(Joint Commision International,JCI)警讯事件。

---

① 《行业和食品药品管理局工作人员指导原则草案——应用人因工程和可用性工程优化医疗器械设计》(出版于2011年6月22日)。

② 译者注:该组织官方网站全称为"Institute for Safe Medication Practices"。

请注意，部分报告并未明确指出某个使用错误导致了特定不良事件，这是因为报告撰写人没有从人因工程角度进行观察。然而，仔细分析这些报告往往会得出这样的结论：发生了一个或多个使用错误。值得强调的是，大多数使用错误都没有被记录在报告中。因此，尽管这些报告是识别使用错误的有力工具，但是不应将其视为准确反映使用错误发生频率的指标。

拓展阅读7.3　ISO 13485:2003和ISO 14971:2007

ISO 13485:2003(《医疗器械——质量管理体系——用于法规的要求》)要求制造商建立质量管理体系。该标准要求制造商进行风险管理，进而评估和降低与使用相关的风险，并以根本原因分析为基础识别降低风险的机会。

ISO 14971:2007(《医疗器械——风险管理对医疗器械的应用》)中要求，制造商质量管理体系应包含上市后监督。制造商应建立一套程序，以获取、审查和回应(如有必要)在上市后监督期间收集的数据。上市后监督的类型因产品而异，应在产品的风险管理计划中加以说明和证明。

具体内容详见第4章。

识别实际使用中发生的使用错误的一个直接方法是采访那些提交了不良事件报告的人，方式与采访那些在可用性测试中犯使用错误的参与者(参见第8章)类似。然而，接触这些人可能会被两个主要因素干扰：一方面，制造商可能会在使用错误发生后很久才得知，此时当事人可能已换了工作，或者记不清事件的重要细节；另一方面，使用错误可能会导致伤害发生，进而引起法律介入，阻碍制造商对相关个人的接触。

即使由于上述原因无法进行事后访谈，你也可以使用我们在第2

章所述的方法对事件进行根本原因分析。

拓展阅读7.4 AAMI上市后监督技术信息报告

2014年，美国医疗器械促进协会发布了AAMI TIR50: 2014《技术信息报告: 使用错误管理的上市后监督》。

目的

这份文件从临床、制造商、患者、用户和法规的角度讨论了医疗器械使用错误的检测问题。其目的是指导相关群体如何最有效地收集、评估和利用上市后使用错误数据，以降低产品风险，提高安全性和可用性。

该技术信息报告指出，在进行上市后监督，研究导致不良事件使用错误的原因时，应提供以下信息：

- 相关的警戒报告。
- 国际医疗卫生机构认证联合委员会警讯事件警报。
- 事件报告。
- 不良事件报告(如提交至FDA的MDRs)。
- 客户投诉。
- MedWatch数据①。
- 索赔结案后数据。
- 上市后监督数据(如CAPA——纠正措施和预防措施)。
- 前兆分析。
- 使用关键事件分析技术。
- 对出现设备使用问题的用户进行结构性访谈。

① 译者注: MedWatch——FDA安全信息和不良事件报告计划(FDA Safety Information & Adverse Event Reporting Program)。

8 用户访谈以确定根本原因

介绍

在探索使用错误的根本原因时，可用性测试的参与者无疑是你最坚实的盟友。你所要做的就是以适当的方式询问他们认为自己出现错误的原因。参与者的回答是构成可能的根本原因假设的宝贵输入资料。

请想象以下场景：一场30人参与的总结性可用性测试正在进行中。这次测试的参与者是一位在大型教学医院儿科重症监护室工作7年之久的资深护士。这位护士具备必要的高级生命支持（advanced life support，ALS）培训知识和丰富的临床护理经验。此外，她还具有各类医疗器械的操作经验，包括但不限于各类呼吸机（人工呼吸机）。本次测试任务是对呼吸机进行设置，为一名1岁的儿童（在本次模拟可用性测试案例中，由高级儿科人体模型代替，如图8.1所示）提供呼吸支持。

该任务进展顺利，直到参与者忘记将呼吸机从“成人”模式切换至“儿童”模式。在实际使用场景下，这种错误可能会导致严重的肺部损伤（如由于过度加压而导致大出血），因此应该将其视为关键使用错误。在这个假设的案例中，面临的紧迫问题是：为什么护士会犯这

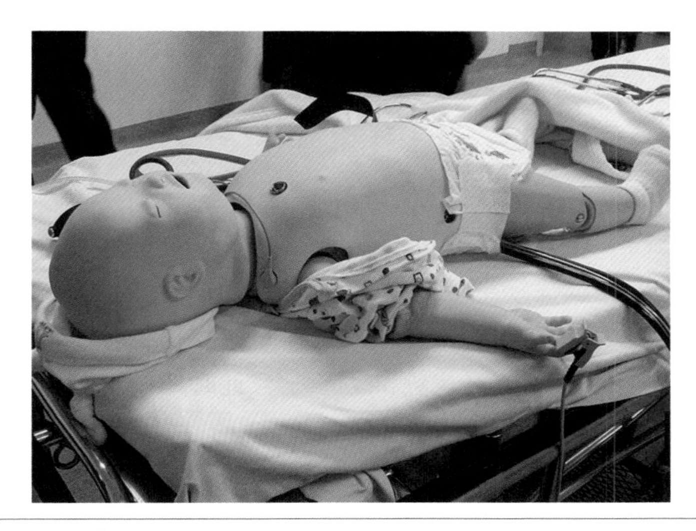

图8.1 儿科人体模型示例
（图片由Liam Skoda拍摄）

样的错误？换句话说，错误的根本原因是什么？

负责这场测试的可用性测试团队以及测试观察者们脑海中大概已经想到了几个可能的根本原因，这可能是由于他们以前观察到过该错误，并将其与特定的用户界面设计缺陷联系起来。或许他们认为根本原因在于：① 呼吸机未能提醒用户选择呼吸模式，而是采用了默认设置；② 呼吸模式指示标志不明显，因为它被放置在较为密集的信息集合中，且均以10号字号显示。不管测试人员对于错误的根本原因是否确定，他们仍应该询问测试参与者对于错误根本原因的见解。

测试参与者可能会提出一个看似合理的根本原因，然而事实并非总是如此。有些人不太擅长诊断他们的错误，所以某些测试参与者可能会提出不可信的根本原因，并责怪于自己（参阅第9章），或者直接声明“我不知道”。有经验的可用性测试专家不会接受后一种回答，他们会努力引导出更有帮助的回答。

以下内容详细描述了在深入挖掘使用错误的根本原因时，对测试参与者进行采访所需要关注的重要因素，以及如何组织高效访谈的相关策略。

访谈时机

在询问测试参与者有关错误的问题时，存在恰当和不恰当的时机。最佳时机取决于可用性测试的类型：形成性可用性测试的目的是了解设备用户界面设计优势和改进机会，此时具有更大的灵活性来安排时间；总结性可用性测试是一个更严谨的过程，通常会对提出后续问题的时间存在限制。

形成性可用性测试期间的参与者访谈

对于形成性可用性测试，在大多数情况下，我们认为在错误发生后不久向参与者询问会更有成效，此时参与者对所发生的事情有新鲜且深刻的认识。下文是一个对话示例，说明如何在此刻进行后续问题的询问：

测试参与者：哦，不对。我觉得我做错了什么。这完全不对。

测试人员：发生了什么？

测试参与者：我想我把泵的程序设置错了。我按照主要输液的速度设定了次要输液的速度。这是个严重的错误。

测试人员：你认为是什么原因造成了这个错误？

测试参与者：嗯，不确定。可能是因为主次速度区域看起来很相似。但是，我应该看得更仔细一些，怪我。

测试人员：你能否再详细说明一下两个区域外观类似的情况，以及给你带来了什么困扰。

测试参与者：当然。区域看起来是一样的，甚至连标签都很相似：P–输液和S–输液。只有一个字母可以区分它们，并不是每个人都能注意到这种细微的区别。

测试人员：还有其他评价吗？

测试参与者：其他地方都是相同的，速率、体积。你可能在不经意间就把数字填错地方了。实际上应该有一个确认功能，提示你核对是否已经按照希望的方式设置了主次输液速度。

测试人员：好的，谢谢你的反馈。让我们继续进行。

请注意，进行示例对话时暂停了任务流程，这可能会影响测试参与者自行纠正问题和执行后续任务的方式。因此，在获得测试参与者对使用错误根本原因的见解，和可能改变其与设备交互的方式之间存在着明显的权衡。

由于形成性可用性测试的目标是识别设计改进的机会，在此期间可以用问题来合理地打断任务。另一种方法是等到任务结束——预期的结束点。这种方法鼓励更自然的任务流，但如果参与者在单个任务期间出现多个使用错误，或者在使用错误发生以后很长时间，则会使根本原因的识别变得更为复杂。

总结性可用性测试期间的参与者访谈

根据FDA的相关指南，对于总结性可用性测试期间出现的使用错误，我们通常以尽可能最少干扰的方式进行询问。具体来说，我们会等待参与者完成手头的任务，或完成连续进行的一系列任务后，再进行询问。

任务的结束是一个自然的“行动暂停”。因此，这是讨论任务进展情况而不打扰正常工作流的恰当时机。换句话说，我们允许测试参与者出现错误，并继续完成给定的任务和相关的后续任务。这种方法可以防止我们影响参与者的任务表现。

在后续访谈中，我们会询问客观问题：你记得在执行任务时犯过什么错误吗？如果测试参与者回忆犯了一个或多个错误，那么就该问更具体的问题了。下面是一个简单的对话示例，说明了在错误发生一段时间之后，以及首先以概括性的问题开启讨论后如何询问后续问题：

测试人员：你记得在执行任务时犯过什么错误吗?

测试参与者：是的，我把主要和次要的输液程序弄反了。

测试人员：请告诉我更多的信息。

测试参与者：我被弄糊涂了，我在应该输入次要输液的区域中输入了主要输液的数字。

测试人员：你认为是什么原因导致了这个错误?

这段对话可能遵循前面为形成性可用性测试提供的相同流程，或者考虑到自使用错误发生以来可能已经过去了几分钟，对话可能效率较低，如下所示：

测试参与者：我不太记得我为什么会犯这样的错误。

测试人员：如果可以，请推测一下。

测试参与者：我想我只是做得太快了。有时必须放慢速度，仔细检查我在做什么。

测试人员：不用自责，你能提出一些关于设备可能导致错误的想法吗?

测试参与者：说实话，我需要放慢速度。

从以上两个例子可以看出，延时访谈可能会降低测试参与者列举合理根本原因的可能性。但是，考虑到我们希望避免在总结性可用性测试期间影响任务表现，这被认为是一种必要的权衡——实际上，这也是监管者给出的任务。

如果测试参与者不能回忆起实际发生(测试人员观察到)的使用错误,该怎么处理? 在讨论完参与者回忆的所有错误之后,应该继续跟进出现的所有其他错误。下面是另一个对话示例,说明该过程:

测试人员:你还记得其他我们没有讨论过的使用错误吗?

测试参与者:没有,我想我们都讲过了。

测试人员:好的,接下来我和我的同事还有几个注意到的细节想和你探讨。

测试参与者:当然,我还犯了别的错误吗?

测试人员:我们注意到你将次要输液袋放在与主要输液袋相同的高度,而不是更高一些。你能说说你为什么那样做吗?

测试参与者:哦,我意识到我这样做了,这明显是不对的。次要输液袋应该比主要输液袋高,否则无法得到正确的流量。

测试人员:你认为是什么原因导致了这个错误?

测试参与者:我以为我把次要输液袋挂得更高了,看来是我搞混了哪个输液袋是哪个。我觉得可能是由于输液泵提示我检查和确认主要和次要输液的程序,但是它从来没有提醒我查看次要输液袋是否高于主要输液袋。这么多其他步骤交织在一起,我肯定是在这个环节出了差错。

尽管在形成性可用性测试期间,向测试参与者征求设计修改的建议是有价值的,但这种做法在总结性可用性测试期间并不妥当。总结性可用性测试应该重点关注数据收集,以确定生产等同机的最终设计是否安全有效,而非在每个任务结束后采用探索性的方法来征求设计建议。关于潜在改进的持续对话,可能会使得参与者在执行后续任务时存在偏见。值得注意的是,FDA和其他监管机构希望总结性可用性测试在完成后,总是以“你认为设备是否足够安全,或者还需要做哪些改进以确保安全使用?”这样的开放式问题结尾。如果测试参与者在反思错误时主动提出改进设计的建议,这是可以接受的,但是不要在每个独立或系列任务结束后提示测试参与者给出反馈。重要的是,务必等到测试参与者完成所有任务后,再询问他们是否认为设备足够安全。

访谈技巧

以上对话实例说明了下列访谈技巧:

- 询问简单、中立、客观的问题。
- 保持问题简短,让测试参与者做出主要说明。
- 当察觉到参与者有更多的想法时,邀请他们继续分享。
- 当参与者发表一般性或模棱两可的说法时,寻求澄清。
- 不要让参与者因为错误而自责。请他们考虑设备导致错误的可能性。
- 不要对参与者反馈的质量作出评价,然而如果你能间歇地提及“感谢你的反馈”,这可能有助于后续对话更富有成效。

9 责怪用户使用错误的危险性

避免责怪用户

大部分人，特别是并未从事人机交互研究的人士，往往会在观察到可用性测试中的使用错误后做出片面的猜测，断定其为用户的错误。毕竟，没有用户就没有使用错误。简单地说，使用错误需要某人出现某种形式的错误：按错按钮、装错设备组件、使用错误的给药方式，或忘记点击“确认”按钮等。因此，将用户所犯的错误归责于他们自身是一种自然倾向——如果决定者对医疗器械性能有深度的专业投入、情感投入或经济投入，这种倾向就会更加明显（图9.1）。

实际上，医疗器械的使用错误几乎都是由用户界面设计缺陷引起的（参阅第10章）。微小的文字容易导致阅读错误；按钮行程过小且触感“绵软”会影响用户确认按下按钮是否成功的触觉反馈；难懂或陌生的软件菜单选项名称使得用户选错项目。对于可用性测试观察人员以及那些阅读可用性测试报告的读者来说，即使难以愉快地接受，用阿尔·戈尔的话来说，这也是一个“难以忽视的真相”[①]。

---

① “难以忽视的真相”一词出自并流行于2006年由阿尔·戈尔编剧并主演的名为《一个难以忽视的真相》的纪录片。

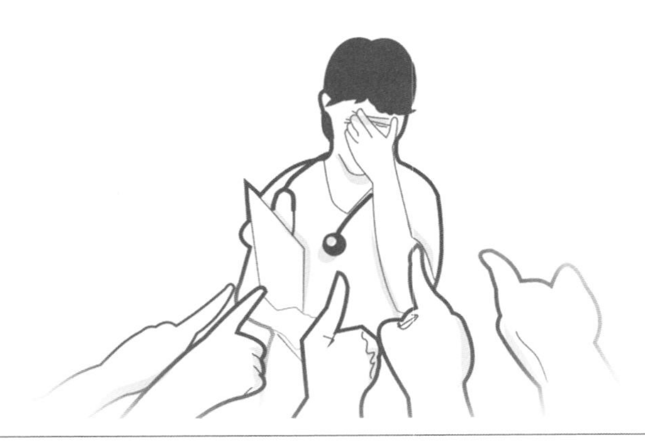

图9.1 避免责怪用户

现在,我们暂时离开主题。确实,人们会毫无缘由地犯错,心理学家将这类事件称为失误。据研究者估计,即使在小心行事的情况下,人类仍然有1%的出错率[①],这个数字在很大程度上受制于相关任务的性质、使用环境和其他与任务执行相关的因素。另一个可以用来描述使用错误的术语是"特发性",意为"源自偶然,或由未知、隐晦原因所致"[②]。精神失误,例如从包装袋里取出三明治后,将三明治而非包装袋扔进垃圾箱,这种行为可被视为粗心和特发性错误。

但是,在挖掘医疗器械使用错误的根本原因时,关于粗心和特发性使用错误的讨论最好暂且不提,这是因为几乎所有错误都可以被追溯到根本的、与设计相关的原因。我们深信这一观点——即设计缺陷是使用错误的根本原因,而非用户——应该作为所有医疗器械使用错误根本原因分析的基本原则。

将错误归咎于用户应被视为最后选择。如果你希望采用基于基本错误率概念构建的经验法则,我们建议只有1%的使用错误纯粹是用户之过(图9.2)。

---

① Kirwan, B. 1994. A Guide to Practical Human Reliability Assessment. Bristol, PA: Taylor & Francis.

②《韦氏词典》。

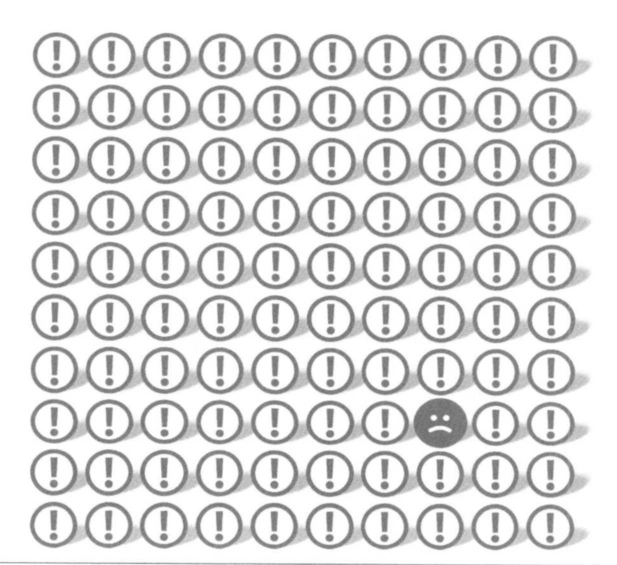

图 9.2 我们认为实际上只有 1% 的使用错误是用户的错误

尽管如此,有人仍然坚持将错误归咎于用户。在可用性测试观察室和准备室,我们都听说过“真是个笨蛋!”“在现实世界里没人会这么做!”“这可是百年一遇的错误啊!”这种说法。

下面是一些人们为使用错误辩护的方式,并用第一人称进行意译:

- **焦虑**——这名护士看上去很紧张,这影响了他集中注意力。
- **羞于上镜**——该青少年说她在镜头前特别害羞。毫无疑问,害羞使她无法专心于手头的工作。如果没有人看着她并录下视频,她可能已经完成了任务。
- **粗心**——这名技术人员是在行动之前不想清楚自己在做什么的人。如果你问我,我会说他很冲动。他似乎并不在乎自己做的是对还是错。
- **缺乏兴趣**——这名参与者表现得很无聊。你看到他多少次盯着手表了吗?他似乎没有认识到正确操作设备的重要性,这不是人们在现实世界中做事的方式。

- **无视说明**——这名医生不看使用说明书。她甚至没有把它们从盒子里拿出来，她还说她讨厌看说明书。
- **疲劳**——护士已经轮班工作了10 h，然后开车穿过拥挤的车流来到可用性测试场地。所以，她很难集中精力在任务上。如果她得到充分休息，她会出色地完成任务。
- **健忘**——这名参与者刚刚在2 h前接受了任务培训。很明显，她已经忘了。让你怀疑她是否有严重的记忆障碍。
- **注意力不集中**——这名参与者似乎在执行任务期间思路游移不定，她似乎一点也不专心。
- **智商贫乏**——这个人显然智商很低。他阅读、说话很慢，好像有什么问题似的。他似乎连如何使用这个设备的基本概念都没有掌握。
- **态度消极**——这名技术人员显然想去别的地方，而不是参加测试。我不知道他为什么不取消我们的预约，他似乎没有努力去做那些需要动手的任务。
- **行为不当**——这名参与者阅读了说明，告诫他在装入磁带之前不要打开设备。但是，他立即打开了设备，尽管他知道他不应该这样做。谁会做出这样的事情?
- **爱冒险**——我见过这种人，他乐于冒险，是一个真正的牛仔。他一点也不在意以必要的精确度完成这项任务。
- **匆忙**——在整个测试过程中，这名参与者似乎急于完成任务，赶紧拿着酬金走人。他可能得去幼儿园接孩子。

有些人会倾向于把错误归咎于用户，一旦测试人员认定是医疗器械的用户界面设计问题，他们会感到愤怒甚至大发雷霆。为消除这种倾向，你需要在测试开始之前告知可用性测试观察人员，大多数使用错误源自设计缺陷。当着手进行根本原因分析时，有必要与多学科团队合作，并建立一个简单且明确的原则：不要责怪用户。只有遵循这一规则，测试人员才能积极地寻找和解决与设计相关的使用错误。

如果你频繁地责备用户，就可能会忽略与设计相关的根本原因，从而导致用户界面设计缺陷无法得到解决。进一步来说，监管机构在审查根本原因分析报告时可能会对这类描述失去信心，尽管用户失误可以作为使用错误原因分析的一部分，他们更加深知大多数使用错误的根本原因是设计缺陷，而非人为因素。只有在极少数情况下，将错误归咎于用户的案例能够得到合法认可，且不会影响分析人员的可信度。

拓展阅读9.1 《盲点：为什么我们易被偏见左右》

Joseph Hallinan在《盲点：为什么我们易被偏见左右》(*Why We Make Mistakes*)这本兼具知识性和趣味性的书籍中指出："如果很多人都犯了同样的错误，那么这就提醒我们应该深思所犯错误的根源：原因可能并非个体因素，而是系统因素。任何系统性错误的根源都超出了个人的范畴。这也就是为什么在寻找错误根源的时候，我们不应该只是回头看，而应该深入看。[①]"

借鉴这一观点，我们可以通过评估工作场所发生的问题追溯医疗器械使用错误的成因。例如，可能由于制定和执行不善的培训计划引发。

将测试搭建作为使用错误的根本原因

在某些情况下，可用性测试搭建（即模拟测试过程的人为因素）可能导致测试中出现使用错误。例如，参与者在皮肤模型上模拟注射

---

① HALLINAN J. 盲点：为什么我们易被偏见左右[M].赵海波，译.北京：中信出版社，2019.

动作时，可能会跳过用酒精棉擦拭注射部位的步骤，因为他们认为没有必要消毒假的皮肤；或者因为房间里没有水槽，参与者可能不会说明她在注射前需要洗手。

正如上述内容所示，确实合理存在测试搭建导致使用错误的情况。这些情况表明相关专家需要对未来测试中的测试方法进行调整。然而，在"归咎于测试"之前，可用性专家应慎重考虑导致使用错误的其他潜在原因。例如，在观察到多名测试参与者将用过、盖好的针头丢弃到垃圾箱中之后，经验不足的分析师可能会将该使用错误归因于模拟使用环境的真实性不足，并假设参与者在"现实生活"中执行任务时，会更加谨慎（因此把废弃针头扔进锐器盒中）。然而，如果进行深入的根本原因分析，分析师可能会发现一个关键的用户界面设计缺陷：说明书未能提供如何丢弃废弃针头的指示，并禁止把用过的针头扔进垃圾箱。因此，这些参与者没有意识到把针头扔进垃圾箱是一种安全隐患，并把它扔进锐器盒里。简而言之，在得出由于测试搭建导致使用错误的结论之前，应优先考虑与用户界面设计缺陷相关的根本原因。

10 可能导致使用错误的用户界面设计缺陷

介绍

在第9章中，我们建议读者不要将使用医疗器械时出现的错误归咎于用户。我们坚信，大多数使用错误是由医疗器械的硬件和软件用户界面设计缺陷所引发，而非来自各式各样的用户问题。对于持有怀疑态度的人士，他们只需观察几场可用性测试便可发现，如果设备的用户界面设计缺陷未被"清除"，特定的使用错误模式就会重复出现。

经过观察发现，导致使用错误的用户界面设计缺陷包括以下几个方面：

- 误导性或模棱两可的措辞，可能导致用户选择错误的菜单选项。
- 缺乏有效的防抖处理按键（即负责忽略与前次输入时间间隔很短出现的新输入的软件），可能引发未预期的双击输入和随后的数据输入错误。
- 可被反向插入呼吸机外壳的空气滤芯，可能阻止正确的气流流动。

✦ 体重秤显示单位的小字号与关联的读数距离较远，可能导致用户将磅制计量单位误认为千克制计量单位。

某些用户界面设计缺陷可以通过启发式分析等可用性方法加以识别[①]，而其他缺陷可能仅在进行可用性测试时才会显现出来。

当然，某个特定的用户界面设计缺陷不太可能让每名测试参与者都犯错。例如，在涉及15名、30名、45名甚至更多参与者的可用性测试中，可能只有少数人会出现使用错误。然而，即使只有一次使用错误发生，人们也需要进行深入的研究和分析以找出改进用户界面的方法，消除或至少降低发生错误的机会。这种方法符合许多工程领域采用的普遍策略：优先消除危险（源），然后努力降低无法消除的、与危险（源）相关的风险。

下面将针对出现单个使用错误的情况进行探讨。为什么要在假设不存在完美无缺的医疗器械的基础上关注这样的小概率事件呢？

假设在30人参与的血糖仪可用性测试中，某用户犯了一个特别的错误；再假设该设备制造商将20 000台设备投入市场，平均每天每设备使用4次。在此设想下，该使用错误每天将出现80 000次。若按照测试中每30人中有1人犯错的概率计算，该使用错误每天将超过2 500次。当然，有各种各样的原因可以解释为什么实际的错误率可能比初始可用性测试结果所表明的低得多，特别是随着时间的推移，用户可能会逐步学会正确操作设备。但是，即使只有1%的预测使用错误最终会导致伤害，每天也会出现25例不良事件，每年则会超过9 000例。

大部分这样的不良事件可能未被报告，这也是为什么监管机构估计医疗器械的使用错误所造成的伤害实际上远远超出诸如制造商

---

① Nielsen, J. (1994). Usability Inspection Methods. New York: Wiley.

和用户设备体验[①]等报告系统中呈现的水平。

如果你认同本书所提出的逻辑观点，定能感知到监管机构在医疗器械开发中对人因工程应用的高度重视，制造商必须努力满足监管机构的期望。如前所述，在测试期间发生的单个使用错误可能预示着在实际使用环境中会发生数以百计或千计的此类错误。

很多使用错误可以通过在用户界面设计过程中应用人因工程原理来避免。参考文献如ANSI/AAMI HE75:2009/(R) 2013[②]中提出了许多这样的设计原则。以下内容是在这份460多页的文件中选录的一部分[③]。

章节21.4.11.3.C

触控目标间距——通常，触控目标中心应间距2.0 cm，以防止用户按错目标。然而，对于尺寸较小的显示器，可能需缩小间距以容纳更多的目标。

章节15.4.5

警报——警报信号必须传达的关键信息包括问题的根源、内容、处理方法(如适用)，以及紧急情况。换句话说，用户必须知道问题出现的位置、原因以及需要采取什么行动来解决它。

章节23.4.2.2.B

工作站——工作站应要求用户确认关键的和不可逆的机器操作功能，给予用户时间去检查和修正可能导致时间、资源(如管路)浪费、财产损失，甚至对用户和患者造成伤害的疏忽和失误。

---

① MAUDE数据库包含由强制性报告人(制造商、进口商和设备用户机构)和自愿报告人(如医疗保健专业人员、患者和消费者)提交给FDA的医疗器械报告。

② ANSI/AAMI HE75:2009/(R) 2013, “Human Factors Engineering—Design of Medical Devices”.

③ 经AAMI许可摘录。

章节21.4.6.6

行间距——文本行间距应充足,确保上伸字母形式(如b、d、f、h、k、l、t)和下伸字母形式(如g、j、p、q、y)之间存在一个像素或更大的空白。这样可以避免字母拥挤,提升文字阅读体验。

章节24.3.2.1

边缘、拐角和挤压点——应该避免尖锐的边缘、拐角和其他可能伤害用户或患者的机械结构(如潜在的挤压点)。例如,心电图诊断车若存在锐利边缘,可能会在倾倒于患者之上或压靠在患者床位时造成不必要的伤害。

这些准则可以通过下列方式进行运用:

- 将指南转换为用户界面设计规范,以开发预防使用错误的设计。
- 在设计检查过程中,将这些指南作为用户界面设计的启发方法。
- 在记录可用性测试中出现的使用错误根本原因时,采用这些准则作为HFE的优秀实践(参阅第11章)。

拓展阅读10.1　控制或降低使用相关风险的优先级

FDA的人因工程指南[①]表明:

下面列出了应用策略来控制或降低使用相关风险的总体优

① 《行业和食品药品管理局工作人员指导原则草案——应用人因工程和可用性工程优化医疗器械设计》(出版于2011年6月22日)。

先级顺序。

(1) 修改设备设计以消除危险(源)或减轻其后果。例如，简化用户界面以确保关键信息有效地传达给用户，这可以降低或消除某些使用相关危险(源)的发生。如果危险(源)无法消除，设计应尽可能地降低其发生的可能性及后续影响的严重程度。

(2) 确保用户界面及其操作逻辑具备容错性。当设备使用过程中发生错误，例如用户误触键盘上的相邻按键时，设备应该采取措施以预防潜在的危险后果。诸如物理安全防护装置、屏蔽控制装置、软件或硬件联锁等安全机制，都能提高设备对用户可能产生的错误的耐受度。

(3) 提醒用户注意危险(源)。当设计调整和安全防护装置都不能消除使用相关危险(源)或充分减轻其后果时，设备应检测到该情况并向用户发出充分警告信号。

(4) 制定书面流程手册、开展安全操作培训。如果无法通过上述任何方法消除危险(源)、增强其他控制或降低策略，那么编写书面流程、标签改进和进行安全操作培训就是最后的选项。

拓展阅读10.2 IEC 62366-1:2015[①] 子条款4.1.2

用户界面设计相关的风险控制

如果可行，医疗器械应本着固有安全理念进行设计。如果无法实现，应采取保护措施，诸如设置屏障或主动告知用户等方

① IEC 62366-1:2015,《医疗器械——第1部分：可用性工程对医疗器械的应用》。

法。而将安全信息仅以书面警告或禁忌证的形式呈现，无疑是最不理想的保护策略。制造商应该在可用性工程文件中记录所选方法的理由和依据。

现在，我们已经确定使用错误会导致伤害，而且通常可以追溯到用户界面设计缺陷——更为礼貌的描述方式是“瑕疵”。本章的其余部分将列举一系列用户界面设计瑕疵，部分已被观察证实会诱使使用错误的发生。考虑到影响特定用户界面的众多因素，我们列出的问题仅仅只是“冰山一角”。

请注意，下列许多待改进问题同时在第12章被列为诱发使用错误的全部或部分根本原因。

用户界面通用设计缺陷示例

反馈不足（或反馈延迟）

- **问题：**由于用户界面可用渠道（如声音、视觉和触觉）提供的反馈信息不足、延迟，甚至根本没有，用户感到困惑和/或导致出错。
- **使用错误示例：**用户不确定是否按下按钮，因为他们并未感受到点击的物理反馈，因此用户再次按下按钮。
- **结果：**重复按下按钮，激活功能后又取消。

用户支持不足

- **问题：**由于设备提供的用户支持不足，新用户在初次接触设备时需要花费更多的时间去适应和掌握操作方法。具体而言，使用说明过于简略；基于计算机的设备缺少在线帮助；屏幕上缺少提示信息，同时没有快速参考指南可供查阅。

- **使用错误示例：** 在测量患者基础体重前，用户未从病床上移除附属物品。
- **结果：** 由于初始读数被人为地读高了，后续读数因此产生偏差。临床医生可能错误地认为患者体重显著下降，进而实施非必要的治疗方案。

名称相似

- **问题：** 用户混淆外观和/或名称发音相似的不同项目。
- **使用错误示例：** 用户使用静脉输液泵输注多巴酚丁胺（Dobutamine），实际上应为多巴胺（Dopamine）。
- **结果：** 患者使用了不当的药物。

过程步骤烦琐

- **问题：** 治疗过程中涉及多个步骤，可能导致患者疏忽重要步骤。
- **使用错误示例：** 用户使用预充型注射器注射前忘记检查失效日期。
- **结果：** 用户注射过期药物，可能对患者健康有负面影响（如无法发挥治疗效果）。

用户界面硬件设计缺陷示例

按键距离过近

- **问题：** 对于排列紧密的按钮，例如相对较小的数字输入板上的按钮，用户往往会因手指在按下按钮时超出目标范围而不慎按到邻近的按钮。
- **使用错误示例：** 用户意图按下“5”，却在无意中按下了“8”，从而将错误的流量输入至药物泵。
- **结果：** 患者用药剂量错误。

连接复杂

- **问题：** 用户可能需要比预期或可用的更长时间来连接具有不熟悉的联锁特性或不易连接的组件。
- **使用错误示例：** 用户需要花费很长时间将通信电缆连接到植入式治疗设备上，因为他们没有意识到需要对齐连接组件上的标记。
- **结果：** 延迟治疗进程。

显示器眩光

- **问题：** 眩光会阻碍用户阅读显示器，显示信息会被反射光部分或全部遮蔽。
- **使用错误示例：** 用户在餐前或餐后没有看到记录血糖读数的提示。
- **结果：** 用户没有完成有效管理糖尿病的关键操作（图10.1）。

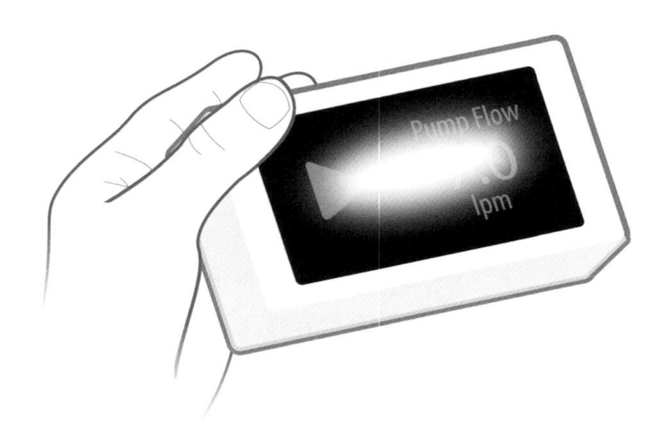

图10.1 眩光会妨碍用户读取泵的显示信息

无法听取警报

- **问题**：用户可能无法感知到音量太小、被环境噪声掩盖或超出可感知范围的警报（可能是由于高频听力损失）。
- **使用错误示例**：用户没有听到高优先级的、指示设备正在耗尽电池电量的警报。
- **结果**：设备可能会在不恰当的时间耗尽电量，从而造成伤害。

位置不明显

- **问题**：用户会忽略不显眼的控件或显示（包括标签）。
- **使用错误示例**：用户没有注意到“禁止使用静脉输液管组输送全血”的警告。
- **结果**：用户可能使用管组输送全血，从而造成血细胞损伤。

触摸显示屏不灵敏

- **问题**：当触摸屏对触摸没有可靠的响应时，用户更容易出现输入错误，这可能是由屏幕污染和过度轻触造成的。
- **使用错误示例**：用户试图设置输液泵程序，以200 mg/h的速度输送药物，他正确地触摸“2”“0”和“0”键，但触摸屏只感应到第一个“0”，而没有感应到第二个“0”。
- **结果**：患者接受的药物剂量不足。

显示视角有限

- **问题**：当用户从超过45°的偏移角度观看时，无法读取显示内容。
- **使用错误示例**：用户没有按照屏幕上的指示松开其中一条流体线，因为从用户的观察角度看不清楚指示。
- **结果**：透析机从患者体内“抽取”的液体比医生规定的要多。

声音低沉

- **问题**：用户可能无法听到由扬声器发出的警报或其他重要的声音反馈，因为扬声器会被衣服、枕头或其他吸收声音的物体所掩盖。
- **使用错误示例**：用户没有听到可穿戴输液泵发出的警报音，因为她穿着好几层衣服，包括一件冬天穿在身上的派克服。
- **结果**：用户没有听到提示胰岛素输液管堵塞的警报音，从而造成胰岛素剂量不足而导致的高血糖（图10.2）。

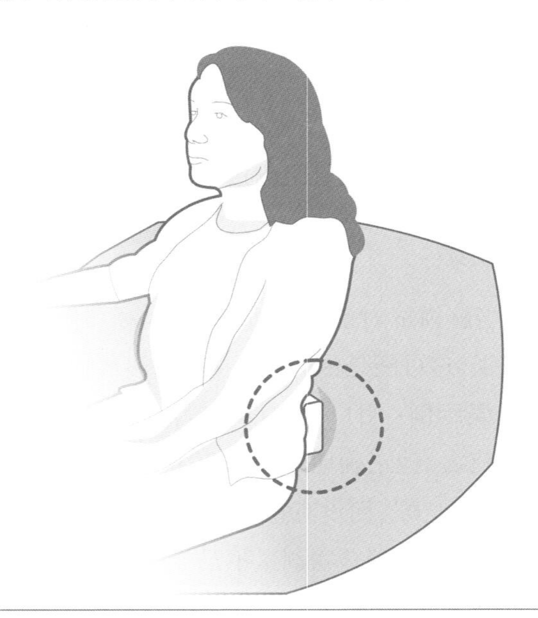

图10.2　设备的警报音可能会被周围的物体（如坐垫）减弱

手柄窄而浅

- **问题**：用户很难握住一个大的设备，因为设备的模制手柄又窄又浅，无法安全地使用多个手指紧握。
- **使用错误示例**：用户在将患者监护仪从一个照护点转移到另

一个照护点时，将其掉落。

- **结果：** 患者监护仪掉在用户的脚趾上并使其骨折。

无功能组合布置

- **问题：** 用户可能会被大量未分类控制的控制面板弄得不知所措。
- **使用错误示例：** 超声波医生在超声波扫描仪的控制面板上调整了错误的旋钮，从而设置了错误的能量穿透深度。
- **结果：** 超声波图像不清晰，诊断不正确。

无保护措施

- **问题：** 当控件被意外触发时，用户可能无意中激活或停用设备功能。
- **使用错误示例：** 用户碰到设备的电源按钮，无意中关闭了它。
- **结果：** 患者被中止了治疗。

无充分的灯光照明

- **问题：** 在昏暗的照明条件下使用设备时，用户可能没有注意到某些重要的功能。
- **使用错误示例：** 用户将试纸按在血糖仪盒上，而不是将试纸导入试纸端口。
- **结果：** 检测试纸损坏，用户无法获得血糖读数。

无应力释放

- **问题：** 用户会以使设备管道和电缆急剧弯曲的方式排列它们。
- **使用错误示例：** 在透析机上安装血液导管组的过程中，用户将血液导管急剧弯曲，以使其流向指定方向。
- **结果：** 当温暖的血液流经管路时，管路侧壁就会变暖，从而造成局部闭塞（即扭结），高速流动和剪切导致了溶血（红细胞损伤)。

夹点

- **问题:** 当病床上的护栏上下移动时,可能会产生一个夹点,这可能会对使用者的身体部分造成创伤性伤害(如压伤手指)。它也可以压缩或剪切管道或缆绳。
- **使用错误示例:** 用户没有注意将静脉输液管远离挤压点,随后因病床护栏施加的挤压力而使静脉输液管堵塞(当放置在较低位置时)。
- **结果:** 患者未接受必要的药物治疗(如未及时接受抗生素治疗)。

高灵活性的要求

- **问题:** 用户可能没有身体灵活性来完成某些手工任务。
- **使用错误示例:** 用户无法打开设备的电池盖更换电池。
- **结果:** 设备没电了(图 10.3)。

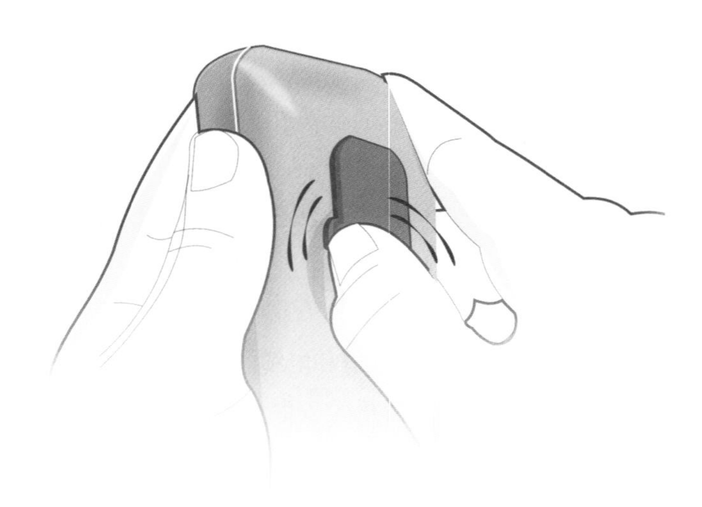

图 10.3 用户很难打开设备的电池盖,因为打开电池盖需要很大的灵活性

锋利边角

- **问题：**尖锐的边缘，比如在设备外壳上，可能会造成磨损或割伤。为防止接触有害物质（如病原体、化学品）而设计的防护设备可能会伤害到个人。锋利的边角也会损坏与之接触的设备。
- **使用错误示例：**尖锐的边缘和流体管路之间的反复摩擦最终会在管路上磨损出孔，导致液体泄漏。
- **结果：**患者未接受必要的药物治疗（如未及时接受控制血压的药物治疗）。

颜色相似

- **问题：**用户可能混淆具有相同或几乎相同颜色的相似物品。
- **使用错误示例：**药剂师将“中蓝色”的纸盒误认为是“淡蓝色”的纸盒，并错误地在处方中填入浓度更高的处方药物。
- **结果：**使用高浓度药物治疗，导致用药过量。

连接器广泛兼容

- **问题：**当有关正确连接的视觉和触觉提示不够时，且当这种连接在物理上是可能的，用户可以将管道和电缆连接到错误的端口。
- **使用错误示例：**用户将氧气管（原本是连接雾化器的）连接到静脉通路（如鲁尔激活阀）。
- **结果：**高压氧气流入患者的血液。

用户界面软件设计缺陷示例

缩写

- **问题：**一些用户可能不熟悉特定缩写的含义。

- **使用错误示例：**使用者不认识“EXP”是“过期日期”的意思，因此不知道预充注射器含有过期药物。
- **结果：**使用者注射了可能不再有效的过期药物。

信息过于密集

- **问题：**用户可能因为各种各样的媒介（如电脑显示器、说明书等）而感到不知所措，这些媒介在有限的空间里呈现了大量的信息，从而导致他们忽视了这些信息，或者花费比预期更多的时间来寻找信息。
- **使用错误示例：**用户只阅读了关于如何操作喷雾器的部分说明，因此没有阅读需使用特殊溶液来清洗设备的说明。
- **结果：**使用者没有完全消毒喷雾器，因此增加了下次使用时吸入细菌的风险。

视觉层次不足

- **问题：**当屏幕没有以某种视觉层次结构的形式呈现信息时，用户很难首先关注最重要的信息，这种视觉层次结构可以基于信息标记、布局、大小、颜色和动态效果（如脉冲）。
- **使用错误示例：**在查看电子健康记录（electronic health record，EHR）上的患者记录时，用户没有注意到指示患者对磺胺类药物过敏的文本，并开具了Bactrim（一种磺胺类、治疗耳炎的药物）的处方。
- **结果：**患者因药物过敏出现了严重的皮疹。

对比度低

- **问题：**文本及其背景之间的低对比度会导致用户忽略信息，或者使用户难以正确阅读信息。
- **使用错误示例：**用户将注射速率误读为3.5而不是3.2。

- **结果：** 用户在输液过程中停止输液以调整输液速度，从而延迟给药时间（图10.4）。

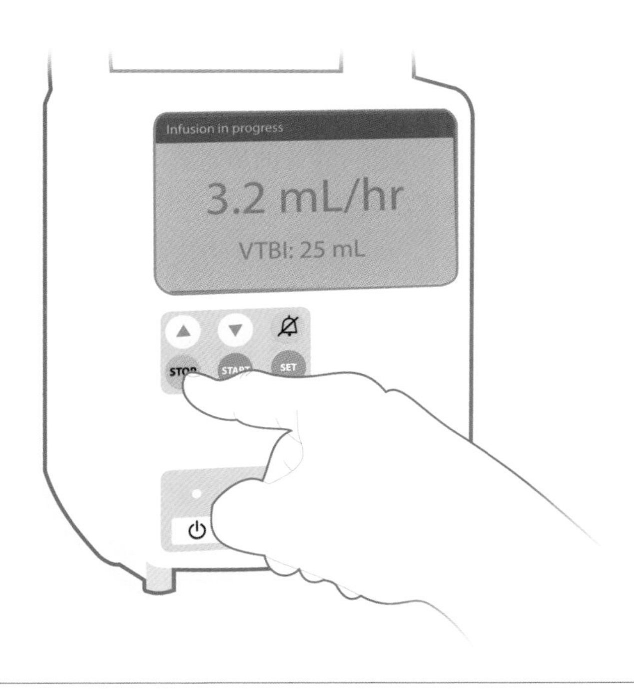

图10.4 输液泵屏幕的文字和背景之间的对比度太低

无确认操作

- **问题：** 当用户在操作生效之前没有得到确认该操作的机会时，他们可能很难检测到某个使用错误和/或纠正它。
- **使用错误示例：** 用户不小心按错了触摸屏键，没有机会取消相应的操作，因此停止了透析机的血泵运作。
- **结果：** 血泵停止运作，不必要地暂停了一项重要的治疗。用户需要几分钟才能注意到这个意外的结果。血液可能开始凝固在血液导管组和透析器中，从而在泵重新启动时造成血块进入患者血液的风险，或者需要耗时且昂贵地更换血液导管组。

无数据有效性检查

- **问题：**用户容易出现数据输入错误，如果设备或应用程序没有内置的数据有效性检查功能，用户则可能无法捕获到错误。
- **使用错误示例：**护士将错误的麻醉药物剂量率输入了输液泵，该剂量率远远超过建议的最高值。
- **结果：**患者输入了过量的麻醉药。

信息布局不佳

- **问题：**当屏幕内容布局缺乏基本逻辑时，特别是当物理布局与自然工作流程不匹配时，用户很难获取和输入信息。
- **使用错误示例：**用户没有确认对患者监护仪的报警限制设置的更改；相反，他在没有按下“完成”按钮的情况下改变了设置，1 min后监护仪默认恢复到以前设置的报警限制。
- **结果：**监护仪没有提醒临床医生重要的体征（如收缩压）超出预期修改的报警限制所描述的健康范围。

小数点太小

- **问题：**用户可能会忽略一个特别小的小数点并误读一个数字。
- **使用错误示例：**用户将数字读为“27”，而实际上是“2.7”。
- **结果：**用户在误读参数值后，可能进行了错误的治疗。

文本太小

- **问题：**文本太小会导致用户忽略信息，或使用户难以正确阅读信息。
- **使用错误示例：**用户没有注意到输液器不是用来静脉输送全血的。
- **结果：**在没有适当的血液过滤情况下，输血的血液中含有在采血和储存过程中形成的血块,有栓塞的危险。

切换不明显

- **问题:** 由于控件(基于硬件或软件)的特定设计和标记,用户可能难以确定执行控件是否会产生预期或相反的效果。
- **使用错误示例:** 面对一个在白色文本中标记为"ON"的深灰色按钮和一个在黑色文本中标记为"OFF"的白色按钮,用户错误地按下白色按钮,从而打开了一个功能。
- **结果:** 用户没有识别出一个功能的真实状态和/或将功能切换到错误的状态。

用户界面文档设计缺陷示例

装订方式不利于离手使用

- **问题:** 用户可能需要双手操作设备,同时阅读文档。当文档无法对所选页面保持打开状态时,就会出现问题。
- **使用错误示例:** 用户停止尝试按照心脏泵电池更换程序操作,因为用户手册的装订方式不断使其合上。
- **结果:** 由于用户没有按照正确的电池更换程序进行更换,心脏泵因断电而短暂停止。

黑白印刷限制理解

- **问题:** 描绘患者插管的插图使用黑白线条图来呈现鼻腔给药装置的组装说明。
- **使用错误示例:** 使用者取下错误的盖子,并将西林瓶连至鼻腔给药装置的错误端口,因为插图缺乏明显的细节来区分各零部件。
- **结果:** 使用者打破了西林瓶,导致没有给药。

无图形强化

- **问题：**缺乏图形说明会让用户对如何执行任务感到困惑。
- **使用错误示例：**用户不知道在哪里寻找注射器中的大气泡。
- **结果：**使用者将含有气泡的药物注入体内。虽然肌肉注射一个大气泡并不重要，但注射筒内的气泡所产生的空隙会导致药物剂量不足。

无索引指南

- **问题：**当没有索引来帮助用户搜索时，他有时很难找到感兴趣的信息，或者至少很难快速找到它。
- **使用错误示例：**透析护士没有找到关于如何将充满肝素的注射器装入机器内置注射泵的详细指南。
- **结果：**注射器凸缘没有正确地安装在泵的驱动机构上，因此导致活塞柄从驱动机构上移位。这就阻断了肝素的流动，增加了血液在透析机中凝结的机会。

无故障诊断章节

- **问题：**用户在操作设备时遇到困难，经常会从用户手册中寻求排除故障的建议，如果没有故障诊断的内容，他们可能无法解决问题，或者至少需要花更多的时间来解决问题。
- **使用错误示例：**透析技术人员花了比预期更多的时间来消除血液回流管线中的气泡。
- **结果：**透析治疗被延迟，增加了凝结血液被输回患者体内的风险。

信息编码不足

- **问题：**缺乏程序性步骤和支持性叙述内容之间的区别。

- **使用错误示例：**用户在安装针头之前，忽略了给注射器密封塞消毒的说明。
- **结果：**如果密封塞被污染，注射引起细菌感染的概率会增加。

信息放置位置不良

- **问题：**重要信息被藏在一份大文件的后面，因此用户可能接收到过量的各种重要警报，而懒得查看它们。
- **使用错误示例：**用户找不到故障诊断信息，因为故障诊断信息在设备技术规格文件的背面并远离朝向用户的信息。
- **结果：**用户无法解决开始雾化治疗的困难。

非传统警告

- **问题：**警告不使用各种信号词（如危险、警告、小心和注意）来反映传统优先级排序。
- **使用错误示例：**芬太尼药物贴片的使用者面对一页差别不大的文字时，没有读到关于佩戴贴片时不要饮酒的警告。
- **结果：**由于药物和酒精的相互作用，使用者出现了严重的低血压（图10.5）。

语言不熟悉

- **问题：**用户可能难以理解用不熟悉的技术术语编写的文档，比如工程师使用的术语，或者简单指不“说他们的语言”的文档。
- **使用错误示例：**护士助理不理解如何将便携式患者监护仪与数据接收器“配对”的使用说明，因此无法上传监护参数值。
- **结果：**负责远程监测患者病情的临床医生无法及时收到当前的数据来诊断病情是否恶化。

图 10.5 缺少(左)和包含(右)传统信号词的文件

视觉冲突

- **问题:** 有些说明书太薄,以至于印刷在一面的内容在另一面可见(油墨渗透至另一面),从而降低了文档的可读性。
- **使用错误示例:** 用户无法理解展示如何正确地将输液管扭转到胰岛素泵上的图案,因为该图案在视觉上被从说明书另一面渗出的图形和文本所模糊。
- **结果:** 输液管未正确连接到胰岛素泵上,导致输液管从胰岛素泵上松脱,从而使胰岛素溢出并停止治疗。

用户界面包装设计缺陷示例

"隐藏"说明

- **问题:** 用户找不到使用说明,因为它们被放在相关设备的纸

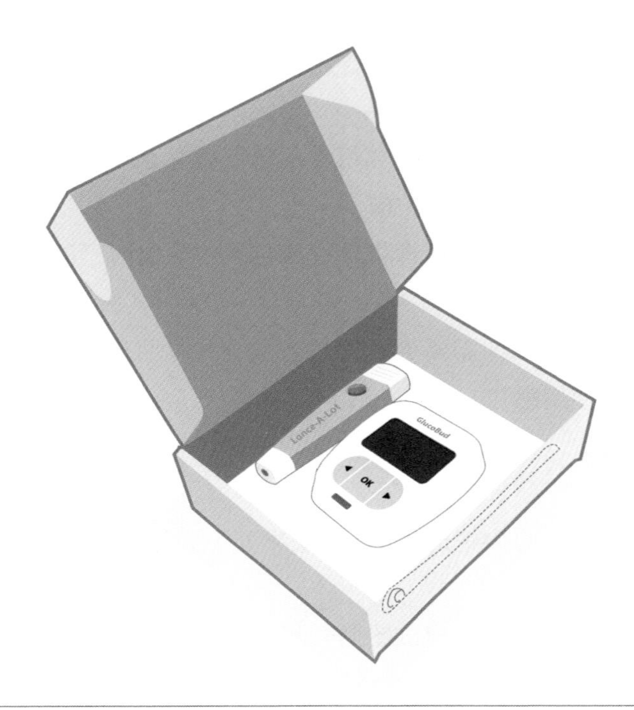

图 10.6 将使用说明文档卷起并“隐藏”在血糖仪和采血装置的包装中

箱内一个不显眼的套筒里。

- **使用错误示例：**用户在使用前没有清洗全新的雾化器组件。
- **结果：**用户吸入设备上有制造和包装过程中残留的细小颗粒（图 10.6）。

过期日期不明显且难以阅读

- **问题：**用户可能没有注意到以小字号文本形式印刷，并嵌入不太可能被注意到的包装背面的次要文本中的过期日期。
- **使用错误示例：**由于忽略了药液包装上的过期日期，用户将过期的药液装入自动注射器。
- **结果：**用户注射了浓度较低的已降解药物，导致注射剂量不足。

手指接触限制

- **问题：** 用户很难在不损坏组件的情况下从包装中取出组件，因为手指很难进入保护槽。
- **使用错误示例：** 使用者将导管从包装中取出时，弯曲了导管的一部分。
- **结果：** 导管部件需要更大的力来推进和收回，从而改变了设备的“使用感”。

锋利的边缘

- **问题：** 包装有尖锐的边缘，并缺乏关于如何打开包装的直观说明。
- **使用错误示例：** 用户试图撕开相对较厚的塑料包装，失去了抓持力，并将手在包装的锋利边缘上滑了一下。
- **结果：** 使用者有轻微撕裂伤。

字符太小

- **问题：** 用户可能不会注意到包含不同剂量（如100 mg和200 mg）相同药物的两个包装之间的区别。
- **使用错误示例：** 药剂师从药店货架上选择了错误的药盒。
- **结果：** 患者服用了错误的药物，要么剂量不足，要么过量。

有关使用错误和根本原因的更多示例，以及解决用户界面设计缺陷的建议缓解措施，请参见第12章。

11 报告医疗器械使用错误的根本原因

介绍

在第12章中，我们将描述许多不同类型使用错误的根本原因。通常需从更广泛的角度将这些根本原因报告给监管机构（特别是FDA），报告内容可包括以下元素：

- 描述使用错误的简洁标题。
- 风险标识——与使用错误相关的风险分析（如故障模式和影响分析）项的交叉引用。
- 风险优先级，可能还有使用错误的可能性和由此得出的严重性评级。
- 从风险分析中可以得出的使用错误可能造成的潜在伤害。请注意，一些监管机构已经要求对伤害的详细描述（如用段落描述而不是句子或短语）。
- 可用性测试任务，在此期间发生使用错误。
- 可用性测试期间执行的所有任务的优先级（如优先级1/10）。
- 使用错误的发生频率，可以表示为使用错误的总数、使用错误率；在某些情况下，还可以表示为测试参与者犯了使用错误的百分比。

- 对犯了使用错误的参与者的标识(如第一个患者参与者被标为P1,第一个医疗专业参与者被标为HCP1)。
- 详细的使用错误说明。
- 参与者报告的根本原因。
- 根本原因分析,包括每个根本原因的简短标题和描述。
- 剩余风险分析,可能表明需要进一步的风险控制,也可能表明风险较低,不需要进一步的风险控制。

下文中,我们列出了两个假定的使用错误报告,包括前面列出的元素,也可以使用包含相同元素的其他格式文本。在这些例子中,我们着重于报告使用错误,但是相同的格式将适用于擦边球事件、操作困难和测试人员协助实例的报告。

针头没有安装牢固

风险索引

- 报告:ACME-FMEA-WIDGET-134627.Rev1。
- 项目:16.3,针头未完全连接。
- 风险优先级:15,可能性为5,严重程度为3。

潜在危害

- 由于注射笔在针头连接处有液体漏出而导致剂量不足。
- 因重复使用受污染的针头(如果针头从注射器上掉下来,用户把针头接回原处)而引发全身感染。
- 由于需要二次注射以提供全部剂量而导致额外疼痛。

任务

- 6——注射20单位胰岛素。
- 7——注射10单位胰岛素。

任务优先级：任务6为4/8，任务7为5/8。

事件发生频率

30名参与者中有5人在5次重复注射试验中犯了一次或多次这种使用错误。在60次可能出错的机会中，发生了5次使用错误，使用错误率为8.3%（测试参与者标识：P1、P5、P18、P29、P30）。

描述

3名参与者（P5、P18、P30）将针头按到注射笔上，但没有扭转针头将其锁定。

2名参与者（P1、P29）起初扭转针头将其固定，但是他们通过扭转而不是拉动的方式取下针帽，因此解锁了针头。

测试参与者报告的根本原因

3名参与者（P5、P18、P30）说他们忘记旋转针头将其锁定。

2名参与者（P1、P29）推测，在取针帽时，他们一定是先抓住了针栓，而不是针帽，从而使针头松动。

根本原因分析

- 无法识别针头锁定。没有视觉反馈来区分针头是否被锁定（P1、P5、P18、P29、P30）。
- 针帽抓握面紧邻针栓。抓握针帽的部位与针栓紧邻，在移除针帽时易意外扭转到针栓（P1、P29）。

剩余风险分析（出现在ACME的HFE报告中）

不需要进行额外的风险控制。

ACME认为，未将针头稳固地连接到笔式注射器上所带来的剩余风险是相当低的，因此不需要进行额外的风险控制。具体依据如下：

- 由于注射器针头连接处漏液，可能导致的剂量不足可能性很小(不大于1单位胰岛素)。此外,用户可能会注意到泄漏液体,并采取预防措施,通过牢固地连接针头以避免这种泄漏再次发生,5名参与者中有4位注意到了液体泄漏。因此,ACME并不认为用户会再次犯此类使用错误,因为没有一名测试参与者多次犯这个使用错误,尽管在随后的任务中有这样的机会。

- 重复使用被污染的针头(如果针头从注射器上掉下来,使用者又把针头接回原处)的潜在危害是注射部位会发生感染。这种感染可能是轻微的,无论是否使用抗生素,使用者的免疫系统都可能有效地对抗感染。
- 由于需要二次注射以提供全部剂量而导致额外疼痛可能很轻微。31G的超细针头可能不引起任何疼痛,而且用户可能已经习惯了每日注射,所以多扎一针影响不大。

拓展阅读11.1　根据参与者分配根本原因

在报告根本原因时,你应该将根本原因分配给对应参与者(即确定每个根本原因适用的一个或多个参与者)。通常,与某个特定使用错误相关的根本原因不止一个。例如,一名参与者可能错误地输入了一个数值且没有注意到她的错误,部分原因是数字键盘的尺寸太小。但是,你也可以将缺少确认界面作为一个根本原因。因此,在报告根本原因时,必须考虑单名参与者的使用错误可能出于多个根本原因。此外,参与者自己针对单个使用错误可能提出多个根本原因。

另外,当多名参与者犯了相同的使用错误时,你在分析过程中发现的所有根本原因可能并不适用于每名参与者。例如,3名参与者可能犯了相同的使用错误，如设置了错误的剂量，可能其中2名参与者的使用错误归因于剂量显示的字体太小，导致他们误读了剂量。然后，你可能会将第三名参与者的使用错误归咎于习惯，因为该参与者有意选择了他在家里使用的剂量，而不是任务处方卡上列出的剂量。在这些情况下，使用错误报告的根本原因分析部分应该指明哪些参与者适用。

我们建议按频率顺序罗列根本原因（即分配到最多参与者的根本原因列在第一位，接着列出适用于少数参与者的根本原因）。这个方法往往能体现导致使用错误的最大因素，接着为次要的根本原因。如果没有频率差别（即每个根本原因分配到同样多的参与者），我们建议有限罗列与设计相关的根本原因，其余随后（如测试工件、习惯）。

未发现患者接受了部分剂量的治疗

风险索引

- 报告：ACME-FMEA-WIDGET-134627.Rev1。
- 项目：30.1，测试参与者误解了药物依从性。
- 风险优先级：12，可能性为4，严重程度为3。

潜在危害

- 重复用药不足。

任务

- 2—— 理解药物依从性。

任务优先级：2/8。

事件发生频率

18名参与者中有一人犯过一次这种使用错误。在36次出错机会中发生了一次，使用错误率为2.8%（测试参与者标识：HCP9）。

描述

一名参与者（HCP9）没有发现患者在1月2日只用了部分（即不完整）剂量的药物。然而，参与者报告说，患者1月份所有的用药剂量都正确。

测试参与者报告的根本原因

参与者报告说，他没有意识到患者在1月2日用了部分剂量的药物，因为在“月度用药依从性”页面上，部分剂量指示与完整剂量指示看起来很相似。

根本原因分析

- 部分剂量指示不明确。“月度用药依从性”页面分别使用实心填充和部分填充的深蓝色方块来显示使用完整剂量和部分剂量的天数。实心填充和部分填充的方块看起来几乎相同。因此，参与者将部分填充的方块误认为是实心填充的方块（即他将部分剂量误读成完整剂量）。这使他错误地认为患者在1月2日使用了完整剂量（HCP9）。

剩余风险分析（出现在ACME的HFE报告中）：需要额外的风险控制

ACME认为，与误解药物依从性信息相关的剩余风险是不可接受的。因此，ACME将实施额外风险控制措施，从而进一步降低风险。

注意：这种形式的使用错误报告不会出现在提交给FDA或其他监管机构的HFE报告中，因为制造商已经决定需要进行设计修改。制造商修改后，应该更新剩余风险分析，包括修改的描述和后续剩余风险分析的结果（假设剩余风险等级较低，则不需要额外的风险控制）。

区分事实和假设

当报告根本原因时，区分事实和假设是很重要的。假设你测试了一个透析仪，需要患者在使用前打开透析液的两个腔室之间的密封（即撕开缝条），并适当混合（图11.1）。

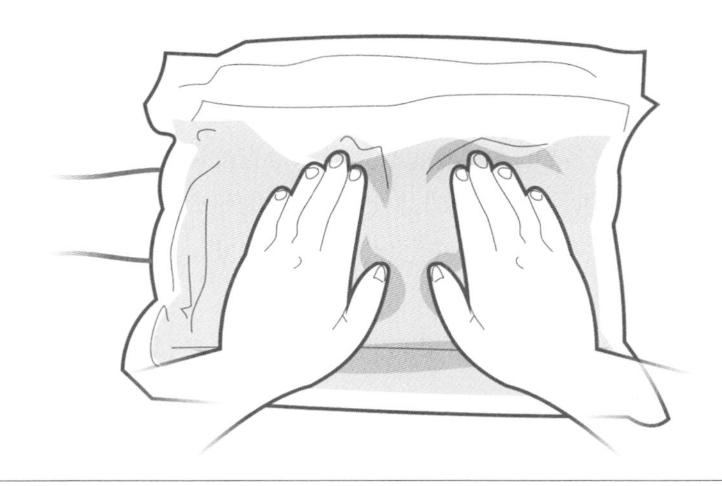

图11.1 双腔透析袋

现在，假设一名测试参与者不能打开两个液体腔室之间的密封，在任务结束后的采访中，他说："无论我怎么努力地挤压这两个腔室，我都无法混合这两种液体。"

在这种情况下，你可以自信地将这一发现报告为事实："参与者报告说，打开两个液体腔室之间的密封所需的力超出他的能力范围。"

你的根本原因分析可以同样明确："打开两个腔室之间的密封所需的力大于参与者将其放在工作台上并按压或挤压腔室所能施加的力。"

接下来，假设一名测试参与者没有注意到透析液袋已经过期，在任务结束后的采访中，他说："我应该是忘记检查保质期了，但它并不是很显眼，所以很容易被忘记。我可以看到它，但与其他信息相比，它看起来不重要。”

在这种情况下，你可以真实地报告测试参与者的评论：“参与者报告说他忘了看保质期。”

然而，你的根本原因分析应该以假设而不是事实的方式来陈述：“过期日期以小（10号）字号印刷，似乎不够明显，不能确保用户注意到它，并执行必要的步骤检查它。”

之所以使用“似乎不”这个假设性表达，是因为更大的字号可能或可能不会引起更多的注意，或者起到提示检查过期日期的作用。你需要进行研究来证明大号字号的益处，而这样的研究可能超出了根本原因分析的范围。因此，尽管更大的字号可能会减少此类使用错误的可能，但是小号字号仍然是假设的使用错误根源。

最后，假设实际上是在间接表明你是在做判断，而不仅在陈述事实。

剩余风险分析

虽然这是一本关于使用错误的根本原因分析的书籍，也不专门探讨关于剩余风险分析的话题，但是这里有一些关于在你的使用错误报告中剩余风险分析部分应该包括哪些内容的建议。

- **剩余风险分析的结果。**陈述剩余风险分析的结果。例如，如果你确定剩余风险相当低，请说明这个结果，并说明不需要进一步的风险控制；或者如果剩余风险仍不可接受，则表明需要进一步降低风险。
- **测试参与者的评论。**测试参与者的评论能加强残留风险分析，包括那些关于发现问题的评论，表明人们不太可能重复该使用错误和/或能在错误造成重大伤害之前进行干预。

✦ **医学研究结果。**剩余风险分析可能比前面的示例包含更多的细节。公司可以对使用错误可能造成的伤害程度提供一个详尽的医学解释，或者交叉引用另一个关于潜在伤害的研究。如前所述，一些监管机构寻求对危害更详细的描述，以便更好地理解给定使用错误的后果。

✦ **现有安全功能的描述。**肯定你认为安全的用户界面功能。你可能已根据早期的研究结果增添了这些功能，以此表明你已经尽可能地优化了设计。

呈现剩余风险分析结果

在总结性可用性测试中发现的使用错误通常记录在以下两处：① 总结性可用性测试报告；② 提交给FDA和其他监管机构的最终HFE报告。总结性可用性测试报告包含了可用性测试的结果，而HFE报告（根据FDA的指导[①]）总结了产品开发过程中开展的许多HFE工作，特别是总结性可用性测试的结果。

完成总结性可用性测试后，进行总结性测试的人员（如HFE顾问、HFE内部团队）将所有使用错误记录在总结性可用性测试报告中。测试报告应该包括前面描述的所有报告元素，剩余风险分析除外。公司必须首先考虑在总结性测试中观察到的使用错误（如其结果记录在总结性测试报告中），然后进行剩余风险分析。因此，剩余风险分析结果通常不会出现在独立的测试报告里，特别是当报告是由顾问编写的时。也就是说，就HFE报告的内容而言，公司内部测试团队生成的测试报告中包含剩余风险分析更为合理，但也不是必要的。如果公司没有向FDA提交上市前批准，剩余风险分析结果可以添加到总结性可

① FDA的《行业和食品药品管理局工作人员指导原则草案——应用人因工程和可用性工程优化医疗器械设计》（出版于2011年6月22日）。

用性测试报告中。

公司在处理不良事件时通常会采用类似的报告方式。最初的不良事件报告详细说明该事件,包括事件的描述和事件发生的日期等信息,然后在后续报告中描述剩余风险分析的结果。

12 根本原因分析案例

关于根本原因分析案例

本章主要介绍了用户界面缺陷导致的使用错误的实例，以及可能有助于避免此类问题的设计变更。与可用性测试报告或不良事件报告不同（请参阅第11章），本章以更加直观的形式列举了用户界面设计缺陷的潜在解决方案，旨在为想要了解使用问题并且更想阅读解决方案的读者带来更多帮助。

尽管监管机构并不一定期待总结性可用性测试报告（或不良事件报告）中的根本原因分析能与本章案例同样丰富，一幅信息丰富的图解或照片还是可作为叙述性讨论的有益补充。

本章中的30个案例均包含以下内容：

- 产品描述。
- 使用错误名称。
- 使用错误描述，包括以对话形式写作的参与者对于根本原因的推测（即主观反馈）。
- 使用错误的潜在伤害、对应失效模式和影响分析（或等效的风险分析表）。

- 用简明理论解释的根本原因。
- 建议的控制措施。

本章旨在让读者深入了解医疗器械使用错误的各种潜在根本原因。我们不仅列举了常见的医疗器械缺陷，也探索了其他类型的根本原因，例如测试干扰、用户习惯以及负迁移等。这些案例的涉及范围相当广泛，既包括家庭使用的产品，如雾化器、笔式注射器和智能手机应用程序，又包括临床环境中使用的设备，如血气分析仪、心室辅助设备及超声设备。

关于这些示例，你还需了解以下事项：

- 每个案例均以产品描述开始，以便读者了解设备的功能、预期用户和使用环境。然而，单独的使用错误报告通常并不包括此类信息。
- 本章所列使用错误均为假设性，但在某些情况下，也可能受笔者观察或阅读到的实际产品缺陷启发。
- 本章中有关使用错误的评论亦均为假设性。尽管如此，这些评论来自我们访谈测试参与者和实际使用失误人员的所闻。因此，这些评论被故意写得非正式，详细程度各不相同，且并不总能够准确地识别出使用错误的根本原因。
- 本章根据笔者的研究、经验和判断，列举了每个使用错误可能导致的伤害。在实际的根本原因分析过程中，你应该遵从医学专家意见来定义伤害。
- 你可能不同意本章的根本原因分析和建议的控制措施，但请注意它们反映了第2章讨论的分析和判断类型。
- 本章建议的控制措施基于人因工程设计原则，但我们承认它们可能有效也可能无效。任何设计缓解措施的有效性只能通过代表性用户与整改后的设备交互，并查看他们是否正确执行任务或仍然犯错误来确定。

- 本章为每个使用错误列举了一些控制措施，但并不全面，因为通常有不止一个设计整改可以解决使用错误。因此，读者可能有其他同样有效的想法来控制给定的使用错误。
- 这些案例涵盖了品种广泛的医疗器械，但并不包括可能需要多个用户之间协调，或涉及多个设备使用的高级系统。对这种高级系统的根本原因分析需要详细的信息，而不仅仅是描述特定的设备和用户可能对特定的使用错误做出的评论。为了保持案例清晰简洁，我们在本章中省略了这种先进系统。
- 在实际的可用性测试报告或不良事件报告中，为了更全面地告知读者（如审核报告的监管人员），根本原因的解释可能会扩展至一两段以上。第11章提供了两个示例，展示了如何在总结性可用性报告中报告使用错误和根本原因，可以看到这些报告确实更加“一成不变”。
- 根本原因分析也可通过分析最终产品实现，例如石川图（即鱼骨图）或AcciMap（请参阅第14章）。尽管这些产品可能包括在人因设计历史文档中，它们通常未包含在可用性测试或不良事件报告中。

感谢本书的插画家乔纳森·肯德勒（Jonathan Kendler）为丰富根本原因分析案例从视觉上提供了精美的解释。这些插图免去了冗长的写作和阅读过程（言简意赅是一种美德）。事实上，我们在超声波雾化器的案例中以控制措施的形式提供了同样的建议：用图例增强书面说明。

产品

笔式胰岛素注射器

图 12.1　笔式胰岛素注射器

笔式胰岛素注射器使糖尿病患者能够注射各种胰岛素，以帮助控制血糖水平（图 12.1）。患者可在家庭和其他环境中使用该设备，包括在车内、工作场所、餐馆、剧院和户外等。一些用户可能有糖尿病相关的损伤，例如指尖麻木（由周围神经病变引起）和视物模糊、视野中出现黑点（由视网膜病变引起）。

使用错误

- 未设置正确剂量

参与者旋动剂量按钮，选择了 13 单位的胰岛素，而非处方规定的 12 单位。他报告说："我确信我把剂量正确地定在了 12 个单位，甚至还仔细检查了一遍。" 随后，他指出，他可以 "扭转" 笔式注射器的剂量按钮，但其指针位置并不能准确保持在所选刻度处。实际发生的使用错误为：参与者在选择剂量时仰视了剂量窗，使得在他的视野中，剂量指针更接近“12”而非“13”（图12.2）。

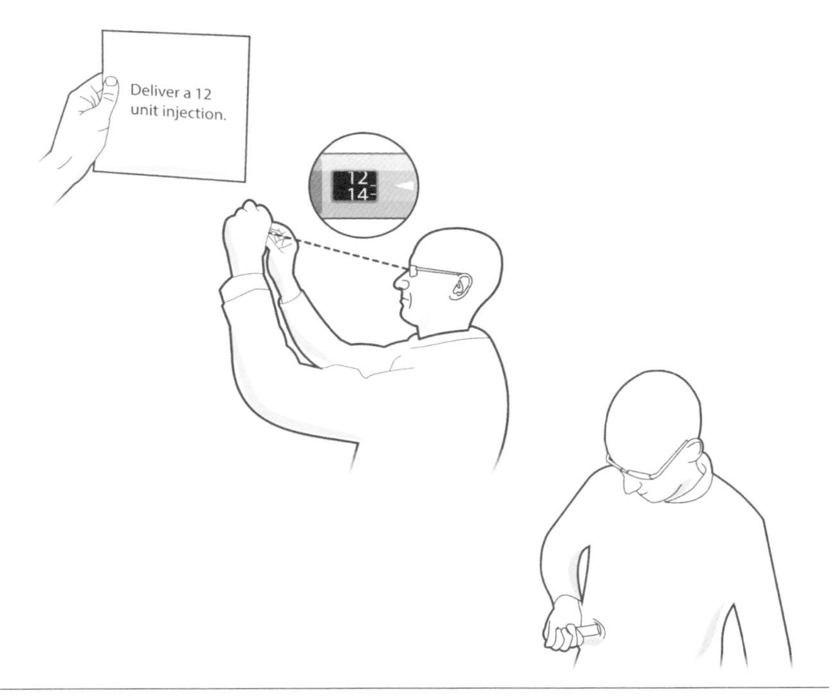

图12.2 任务提示要求参与者注射12单位胰岛素，但参与者拨转了剂量选择器并模拟注射了13个单位的剂量

潜在伤害

- 轻度低血糖。

根本原因

1. *视差*

笔式注射器的剂量窗是一个凸起的塑料框架，印刷有白色指针，因此指针比下方的刻度高出大约1.5 mm。以90°角垂直观察时，指针

与预期剂量刻度正确对齐，然而当以锐角观察时，指针在视觉上就会错位。由于视差[①]，与垂直观察时相比，剂量指针看起来会与上一个或下一个刻度对齐（图 12.3）。

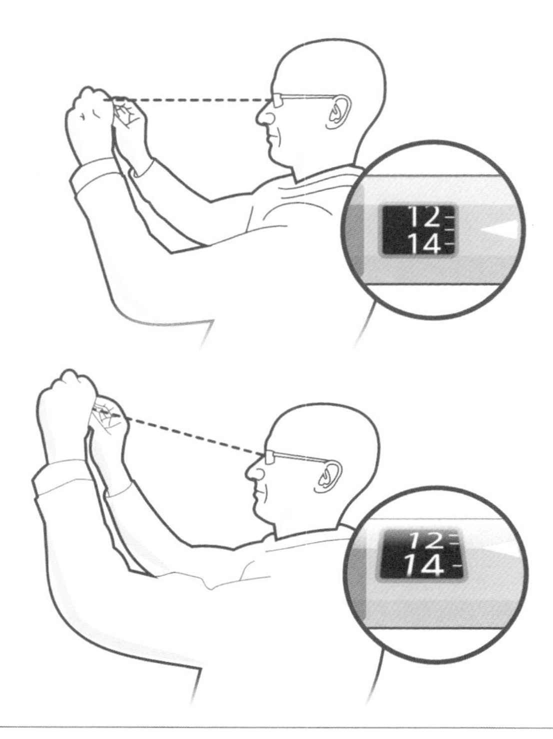

图 12.3　仰视时，设定的剂量值可能会错误地显示为“13”，而非预期的“12”（剂量“13”用“12”和“14”之间的刻度线表示）

2. 剂量刻度不精确

笔式注射器的剂量刻度未能精确锁定在某一位置不变；相反，它相对于指针的位置可以在刻度之间变化大约50%的距离。换句话说，旋钮有相对较大的“扭转空间”或“缓冲余地”，这会加剧指针和剂量刻度不对齐的视差问题（图 12.4）。

① 视差是指当从不同的位置或角度观察时，物体的位置或方向似乎有所不同的情况。

图 12.4 由于刻度存在“扭转空间”，指针可能无法准确地指示所设剂量为“13”单位

建议控制措施

1. 重新设计剂量窗

重新设计剂量窗，使指针与剂量刻度的数字齐平（图 12.5）。

图 12.5 修改后带有更大箭头指针的剂量窗设计

2. 重新设计剂量选择机制

重新设计剂量选择机制，使其能稳定指向精确的剂量值。

3. 重新设计显示类型

使用不易受视差影响的显示类型(如数字显示)。

药瓶

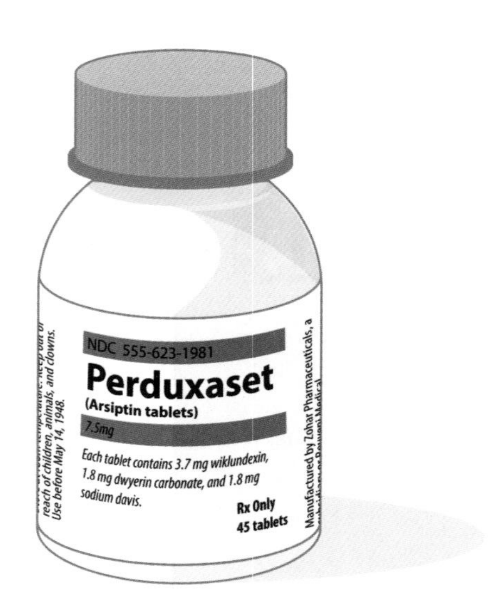

图 12.6 药瓶

假想的药物Perduxaset是一种止疼药,有三种剂量强度(2.5 mg、5 mg和7.5 mg)(图12.6)。药剂师和药房技术人员在零售和医院药房分发Perduxaset。这些药物都存放在药房的货架上,用户必须在数百种不同的药物中选择正确的药物(Perduxaset)和剂量强度。

使用错误

- 药物浓度选择错误

三名药剂师选择了7.5 mg剂量强度的Perduxaset,而非2.5 mg剂量强度的。一名参与者说,她太粗心了,她应该为这个错误负责。第二名参与者说,他当时正在找一瓶标签上有绿色带的Perduxaset,并"抓住”了他看到的第一瓶。第三名参与者说，当她伸手去拿最高架子上的瓶子时，她认为标签上写着2.5 mg，拿出来后就没有检查（图12.7）。

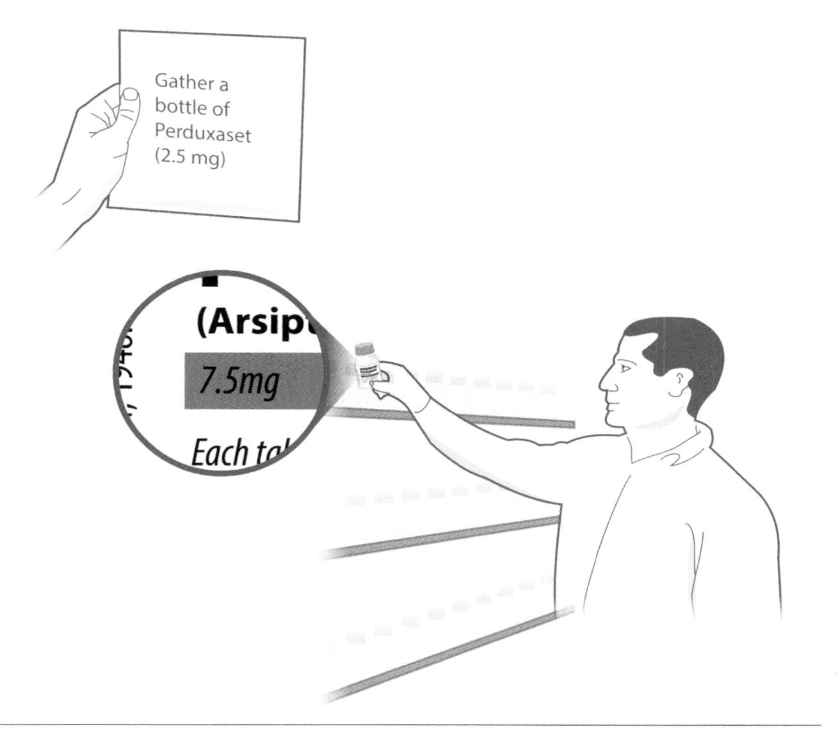

图12.7 参与者的任务是找到一瓶2.5 mg的Perduxaset，但他选择了7.5 mg的药瓶

潜在伤害

- 患者药物过量。

根本原因

1. 浓度标签差异不足

Perduxaset的浓度均用绿色标签上的黑色文字表示，仅背景颜色略有不同（7.5 mg的为中深绿色，5 mg的为中绿色，2.5 mg的为中浅绿色），据称将颜色明暗与药物浓度高低联系起来（图12.8）。

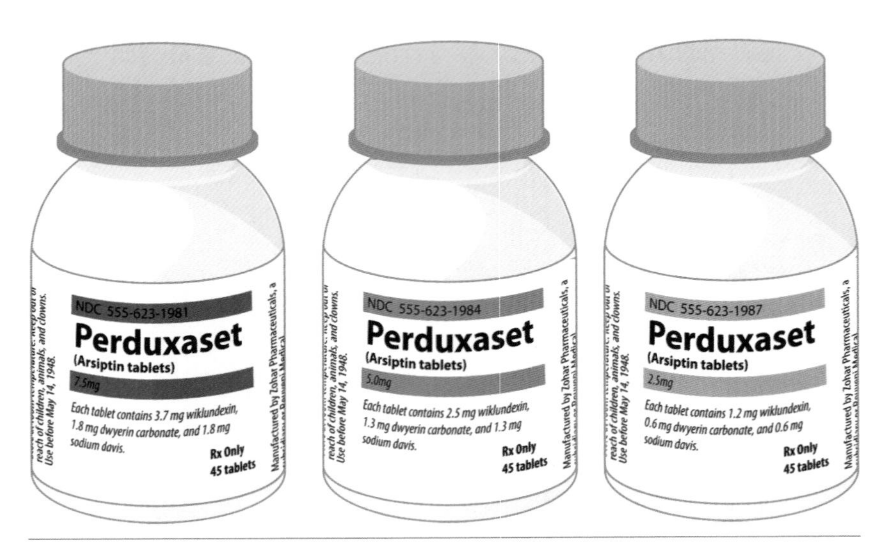

图 12.8　三个药瓶的浓度标签看起来比较相似

2. 难以辨认的字迹

数字和字母的字体较小(8号),影响了药物浓度标签的易读性。当从24 in(53.34 cm)的距离观察时,这种字号的数字将视角缩小到15.5′,勉强达到易读性所必需的16′的推荐视角阈值[①]。

3. 药物浓度与背景对比度差

7.5 mg药瓶标签的黑色文字与中深绿色背景之间的对比度较低——标签和背景的对比度估计为4 ∶ 1,而提供良好易读性的对比度须达5 ∶ 1～7 ∶ 1,或更高的范围[②]。

建议控制措施

1. 放大数字和字母

放大文字,如改成18号字,以增加药物浓度的易读性。

---

① ANSI/AAMI HE75:2009/(R) 2013,6.2.2.5节,“视角”标准表明最小可接受的视角为16′。

② 根据万维网联盟的《网页内容无障碍指南2.0》,至少5 ∶ 1～7 ∶ 1的对比度将确保文本的良好易读性。

2. 使用不同颜色区分浓度

使用能与白色或黑色文本形成良好对比的色带区分同一药物的多种浓度(图 12.9)。

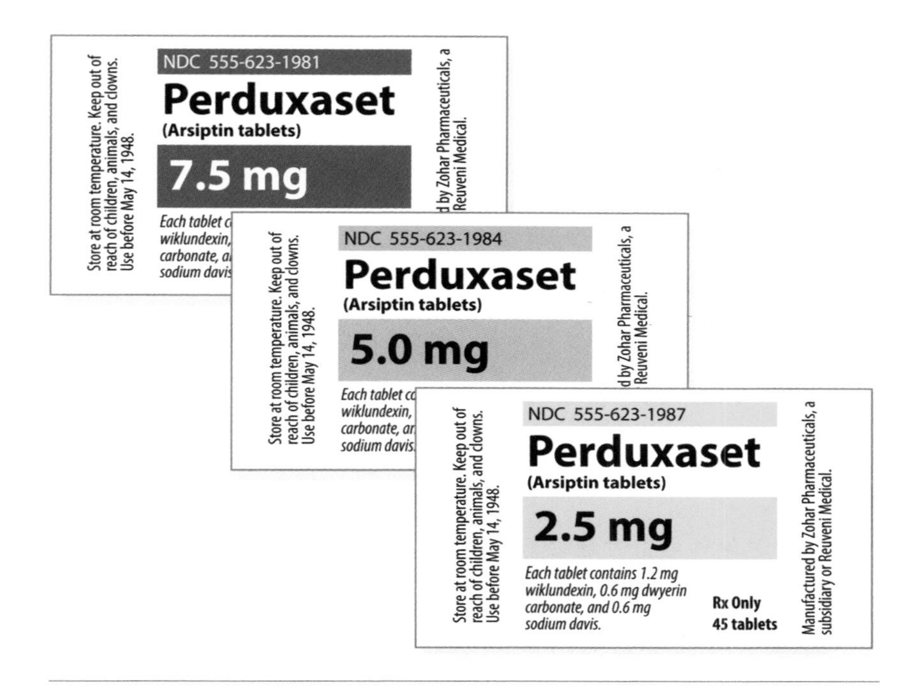

图 12.9 修改后的标签采用了显著不同的颜色和放大的文字

自动体外除颤器

自动体外除颤器(automated external defibrillator, AED)是一种便携式设备,它向心脏传递心律转复电击,以恢复正常的窦性节律(图 12.10)。许多AED也提供进行有效心肺复苏术(cardio pulmonary resuscitation, CPR)的指导。一些家庭备有该设备,但其更常见于公共环境,如机场、学校和办公室。AED的预期用户包括青少年和成年人,他们可以有效响应预录的口头命令,并采取适当的防范措施(如在实施除颤电击时不得触碰患者)。

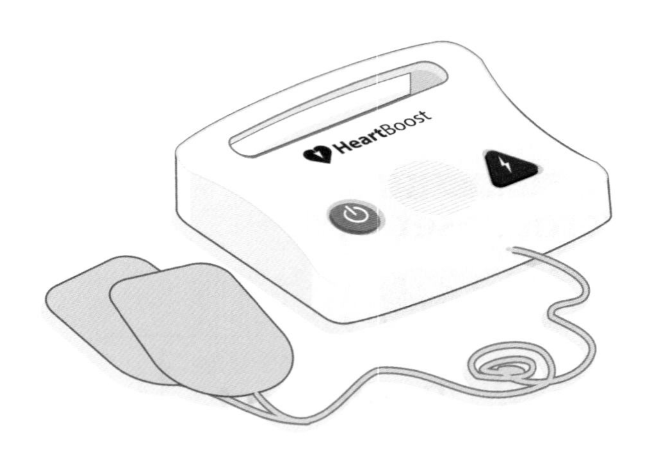

图 12.10　自动体外除颤器

使用错误

- 实施除颤电击时触碰患者

一名参与者（非医疗专业人员）在AED实施模拟除颤电击时的那一刻触及了模拟患者，她的膝盖接触到了与身体呈约45°角伸出的模拟患者的手。参与者解释说，她并不特别在意在模拟除颤电击期间避免与模拟患者接触。

潜在伤害

✦ 电击。

根本原因

1. 语音指令不够清晰

在实施除颤电击之前的一瞬间，AED发出语音指令："保持距离！" 然而，这个含糊的指令似乎缺乏足够的具体性和约束力，无法有效要求用户尤其是非医疗专业人员，避免与患者直接接触（图12.11）。

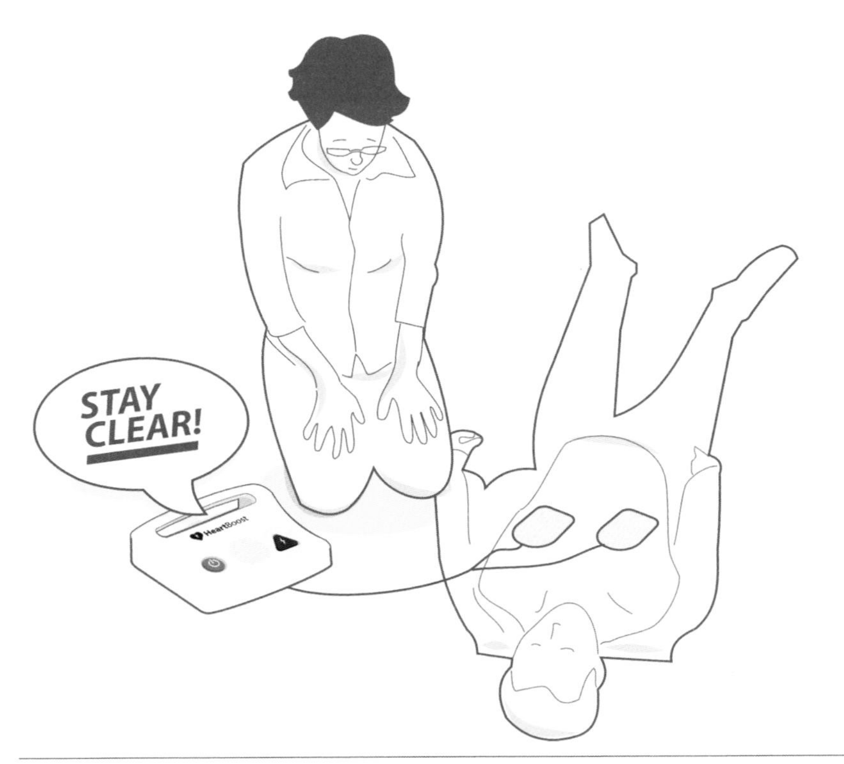

图 12.11 “保持距离”的指令未能迫使参与者将膝盖移开

2. 测试干扰

该测试要求参与者对用人体模型模拟的患者进行模拟治疗(即除颤电击)。测试主持人此前也已解释,参与者在可用性测试期间不会受到伤害。电击和患者都是模拟的这一事实可能削弱了测试参与者的风险意识,因此她采取的防范措施可能比实际使用场景中少。

建议控制措施

- 修改语音指令

修改语音命令以明确指示AED用户在实施除颤电击期间不要触碰患者,例如“请勿触碰患者”。

手持式眼压计

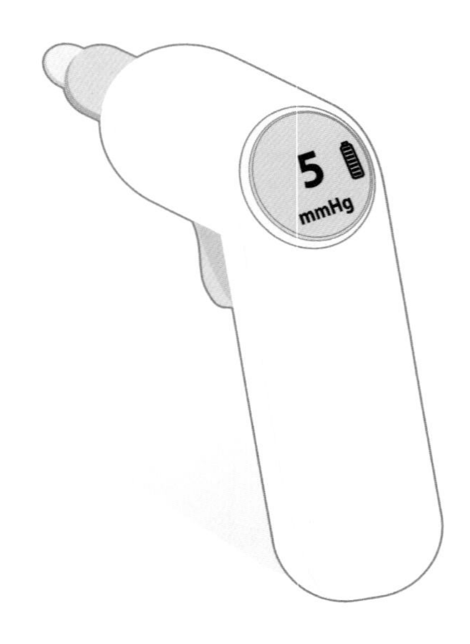

图 12.12　手持式眼压计

眼压计使用连接压力传感器的探头，通过压平（轻敲角膜）测量眼前房的眼压（液压力）（图 12.12）。预期用户包括专业眼科护理人员（如眼科医生和验光师），他们使用该设备对患者进行青光眼等疾病的筛查。有眼部问题风险的患者也可使用该设备来监测他们的眼部健康。常见的使用任务包括装载探头、启动设备、调整测量位置、进行测量、在内置显示屏上读取测量数据、弃置用过的探头以及关闭设备。

使用错误

- 未完成5次有效测量

一名参与者未能完成5次有效测量（即轻触眼部），使该眼压计未能提供平均眼内压（intraocular pressure，IOP）；相反，他只完成了一次有效测量——如单次哔声所示，并认为他已完成了全部测量过程。约30 s后操作超时，设备随之自动关闭。这位参与者主动以完全相同的方式重复任务后，得到了相同的结果。因此，他认为是设备出现故障的原因导致他无法完成任务。

潜在伤害

- 延迟诊断青光眼等各种眼部疾病。

根本原因

1. 需用户主动完成5次测量

该设备并未指示要求进行5次有效测量以计算并显示平均IOP值；相反，设备依赖于用户本来就了解并知道进行这一步骤（图12.13）。

图12.13 屏幕显示一次测量读数已完成，但并未提示用户需再完成4次测量读数

2. 缺乏反馈

当用户在30 s内未收集到5个有效的眼压测量值时，设备将自动超时并关闭，且不会向用户提供任何提示，包括“剩余可完成测量的时间已过期”，或“5个有效的IOP测量值未收集完全”等。

建议控制措施

1. 添加提示语

在使用开始时显示一条提示语，如“请在30 s内测量5次”（图12.14）。

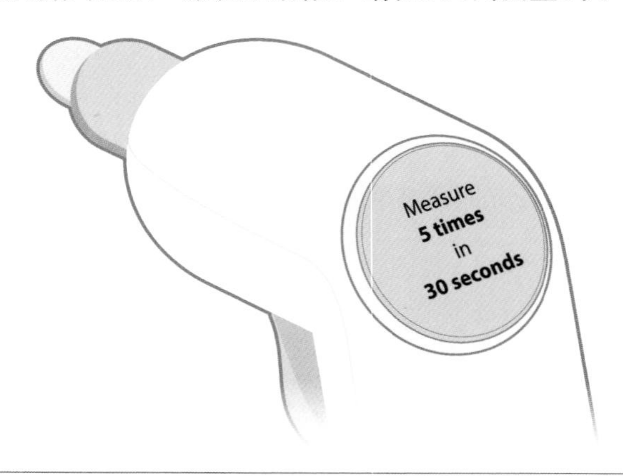

图12.14　修改后的屏幕会在用户第一次测量之前，显示一条提示语

2. 添加反馈

为了方便查看进度，显示屏上应实时显示“1/5次有效IOP测量”的提示。在即将超过30 s的时间节点上，应及时提醒用户。此外，如果用户未能在30 s内完成5次有效测量，应在显示屏上显示“已超时，请在30 s内完成5次有效IOP测量”的提示信息（图12.15）。

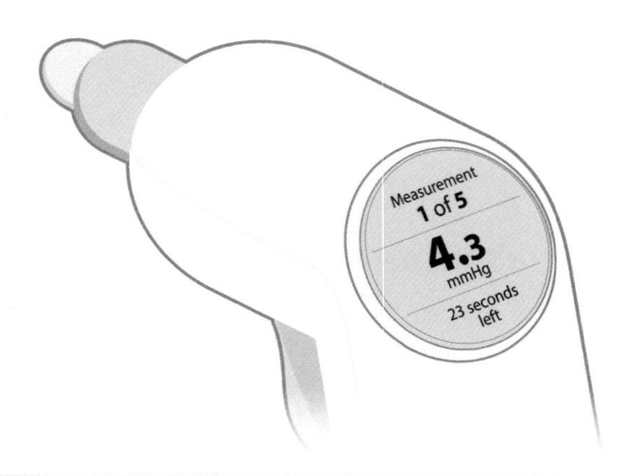

图12.15　修改后的屏幕显示完成的测量次数及可供完成余下测量的剩余时间

采血针刺装置

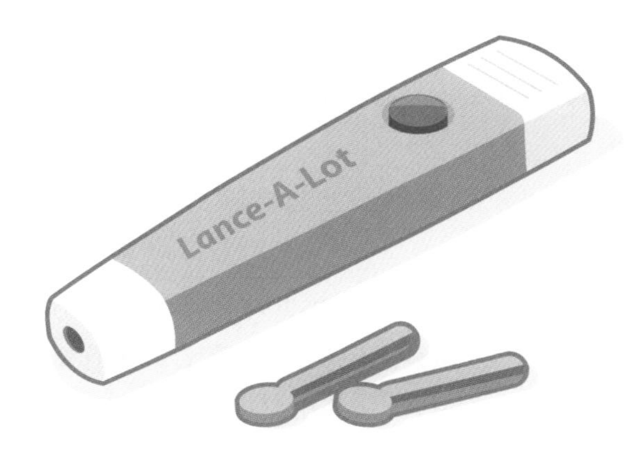

图 12.16 采血针刺装置

采血针刺装置（通称“采血笔”）通过“针刺”皮肤产生血滴（图12.16）。采血针刺装置是血糖检测仪套装的常见组成部分，该套装还包括试纸和血糖仪。用户将采血针放入置针座内，拧开调节头，将采血笔顶端压在身体部位（如指尖和前臂的肉质部分），触发按钮刺穿皮肤进行采血。产生血滴后，用户将其轻触到已插入血糖仪的试纸。采血笔的预期用户年龄范围广泛，包括大龄儿童、青少年、成年人及老年人。这些用户可能有各类身体障碍，如视力低下、听力受损和关节炎等。常见使用环境有家庭和工作场所等。

使用错误

- 重复使用采血针

一名参与者使用已用过的采血针从指尖采血，而非新采血针。她评论说:“我觉得没有理由要换采血针。在家里我用了6次才丢掉,这很省钱。我从来没有遇到过问题。”

潜在伤害

- ✦ 感染。
- ✦ 疼痛(由于采血针变钝)。

根本原因

1. 警告不说明后果

采血笔的说明书(instructions for use, IFU)中包含一条警告,提醒用户始终使用新的采血针。但是,这条警告并未详细阐述重复使用采血针的风险和后果。因此,一些用户可能并未认识到重复使用采血针的潜在危害,仍然在重复使用采血针(图12.17)。

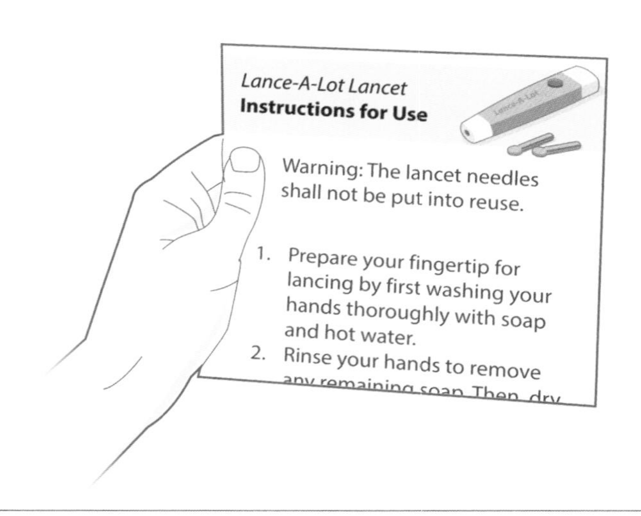

图12.17 IFU的警告信息没有说明重复使用采血针的后果

2. 使用习惯

该参与者坦诚,她经常多次使用同一采血针后再更换新的采血针。因此,她在使用此采血笔时也习惯性地延续了这一用法。

建议控制措施

1. 强调后果

在IFU的警告中添加一则后果声明，解释如果重复使用采血针，可能会导致疼痛，甚至感染（图12.18）。

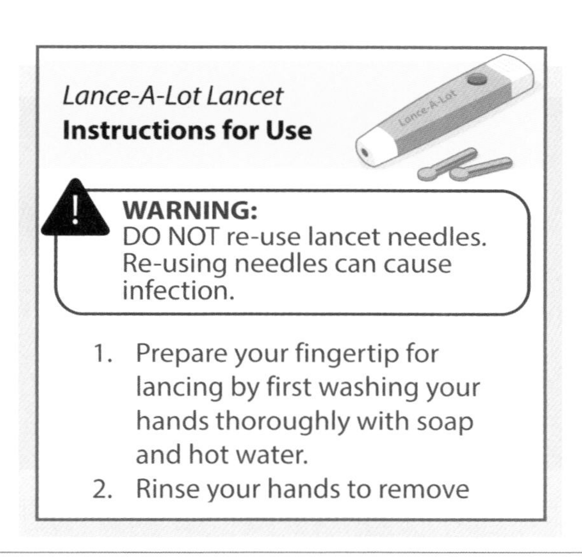

图12.18 修订的警告信息请用户注意重复使用采血针的后果

2. 防止重复使用

设计只能一次性使用的采血笔和/或采血针。

透皮贴剂

透皮贴剂是一种经皮肤给药的贴剂，可将特定剂量的药物透过皮肤输送进入血液循环系统（图12.19）。常见的用药部位包括上臂、肩膀、背部和大腿。主要预期用户是普通人，不过医护人员（如护士）也可能成为用户，因为他们可能需要将贴剂贴在患者身上。用户任务包括选择有效期内的贴剂、剥离保护膜（如有多张需分次操作）、粘贴贴剂、观察是否有皮肤刺激情况，并在规定时间间隔内去除/更换贴剂（如每天一次）。

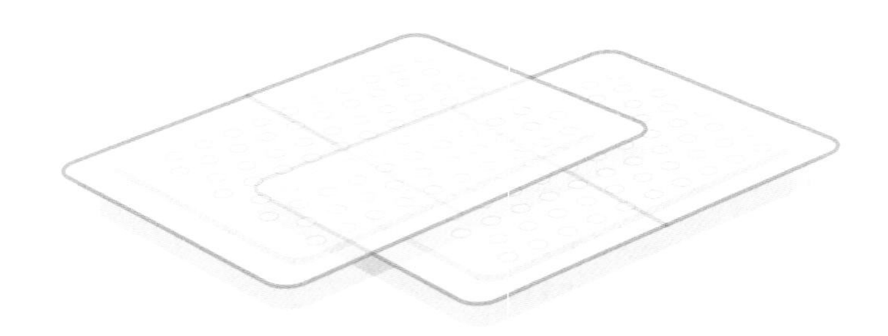

图12.19　透皮贴剂

使用错误

- 未剥离两张保护膜

一名参与者在将透皮贴剂贴在模拟皮肤垫上前，没有剥离两张保护膜，而只剥去了其中一张。他表示可能会使用急救胶带来帮助固定贴剂没粘到模拟皮肤上的一边（保护膜仍在的一边）。

任务结束后，在有关使用错误的讨论中，这名参与者表示："我以为我只需要移除一张保护膜。我没有注意到第二张，但话说回来，我想我没有那么仔细地看。保护膜有点难看到，因为它们是透明的。"

潜在伤害

✦ 药物剂量不足。

根本原因

1. 两张保护膜

要去除覆盖贴剂的保护膜，用户需先识别出其两侧各有一张拉片，然后再撕下两张保护膜，若只关注一侧的拉片，可能会误以为已经撕掉所有的保护膜，导致在移除贴合表面的保护膜时忽略了裁开的间隙（图 12.20）。

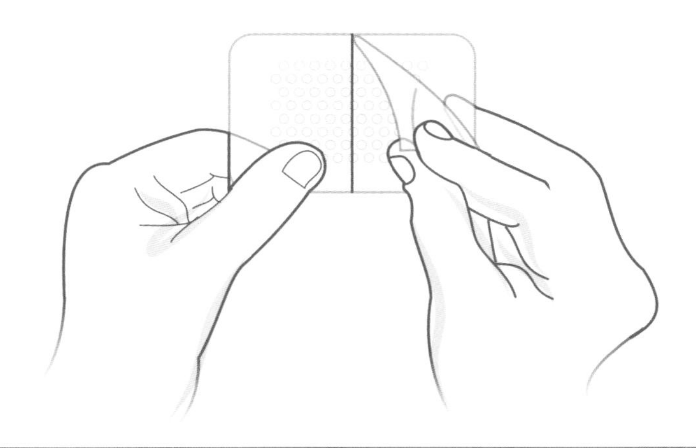

图 12.20　用户必须辨认并剥离两张保护膜

2. 透明的保护膜

由于透明的保护膜没有任何额外标签，所以较难分辨出是否有两张保护膜。同时，由于黏性贴片暴露在外的部分和被保护覆盖的部分难以区分，也增加了辨认的难度。

3. 拉片不明显

如果贴剂已经部分粘贴在皮肤上，那么保护膜的拉片将会在贴剂下方，这就意味着在贴剂被压到皮肤上时，剩下的保护膜的拉片部分不容易被看到。

建议控制措施

1. 使用一整张保护膜

将保护膜设计成一整张，以避免用户只移除一半。用户可将保护膜部分撕开，将贴片准确地定位在皮肤上，然后完全移除，使其完全黏附在皮肤上。要确保单张保护膜不会轻易撕裂，移除动作不会使贴剂起皱或折叠。

2. 保护膜颜色和标签

使保护膜不透明(如不透明的蓝色),并在膜上添加指示信息,如文本和/或图案,提醒用户在将贴剂应用于皮肤之前将其移除(图12.21)。

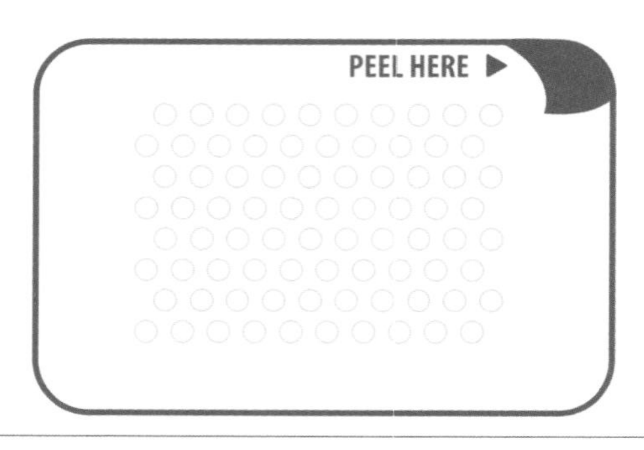

图12.21 修改后的保护膜是不透明的,并包括“从此处拉开”的标签

3. 延长拉片

延长拉片,使其在粘贴到皮肤时,超出贴剂边缘可见。

电子健康记录

图12.22 电子健康记录

电子健康记录是纸质记录的电子化版本，在患者护理和计费等方面具有重要的应用价值（图12.22）。EHR能够长期、实时地记录患者的生命体征、就诊记录、药物记录及预约时间等信息，并且提供医疗机构内部和外部的信息共享功能。EHR系统一般由医疗机构的中央计算机进行管理和维护，通过与数字设备（如智能手机、移动平板电脑、台式计算机等）进行数据的发送和接收，提供给技术人员、护士、治疗师、医生等医务工作人员使用，同时也为设备管理人员和负责患者及保险计费工作的人员提供便利。EHR的应用场景主要集中在各类患者护理点，如急诊科、重症加护病房和业务管理办公室等。

使用错误

- 用“lb”输入重量而非“kg”

两名护士用“lb”而不是“kg”为单位输入测量的患者体重。

一名护士说她“没看清”，把屏幕上的单位读成了“lb”而不是“kg”。她说：“当时我看了一眼屏幕，确定单位是‘lb’，现在我仔细观察，才发现单位是‘kg’。”

另一位护士用错了软件，但她声称在诊所工作时绝不会犯同样的错误。她说道：“我觉得在这个会议室里使用软件让我有一种在家的感觉。像其他人一样，我会在家中用磅秤思考，就像早上在浴室称体重一样。”

潜在伤害

- 各种与以体重为基础的治疗有关的危害。药物过量就是其中之一。

根本原因

1. 字体较小

HER显示屏上体重单位的字体较小（8号），限制了其易读性和醒目程度（图12.23）。

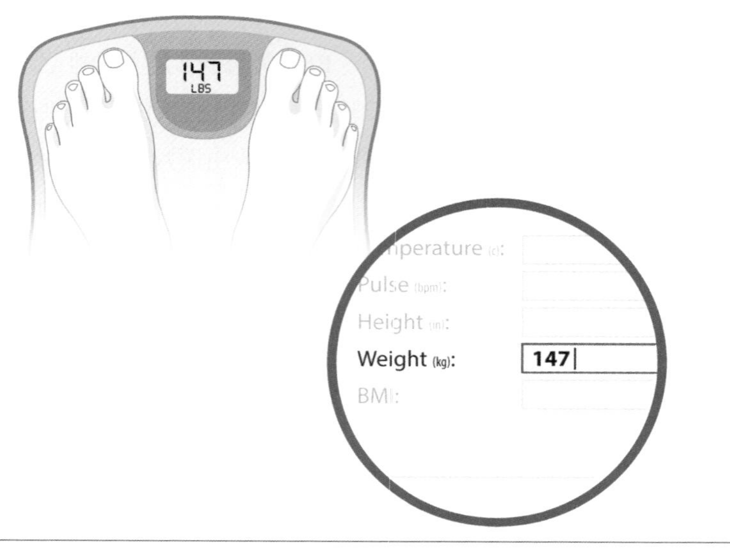

图 12.23　重量单位的标识（如“kg”）相对较小

2. 依赖用户识别体重输入错误

当复诊患者的体重与前次数据输入相比，变化超过2倍时，HER并不会提供反馈。此外，EHR并没有以一种可能会引起用户注意数据输入错误的形式（如体重随时间变化的图表）呈现数据。因此，EHR依赖用户检查所输入的患者体重并确认其准确性。

建议控制措施

1. 放大体重单位

将体重单位字体放大到与体重数值字号大致相同。

2. 增加警报

当某个体重值异常增加或减少，很可能是因为使用了错误的测量单位进行数据输入，此时应当以对话框等形式提醒用户。这一控制措施建议专门针对复诊患者（即拥有多次体重测量数据的患者）。

3. 增加图表

将最新的体重测量结果和历史测量值显示在一张图表上，从而能够暴露粗略的数据输入错误，例如以“lb”而不是“kg”为单位输入体重（图12.24）。

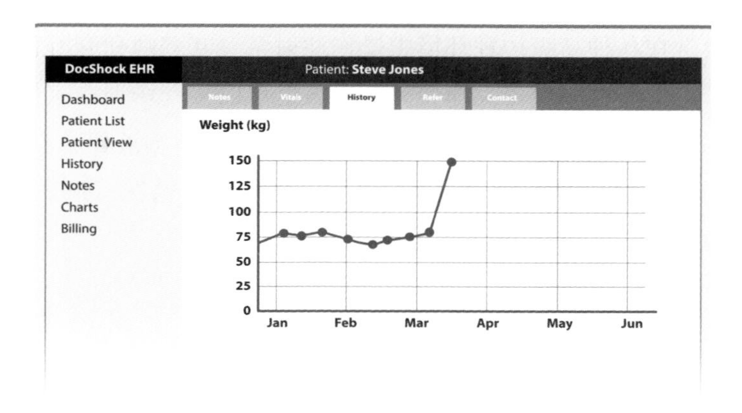

图12.24 修订后的EHR界面包括显示患者体重随时间变化的图表，如在EHR中输入的那样

注射泵

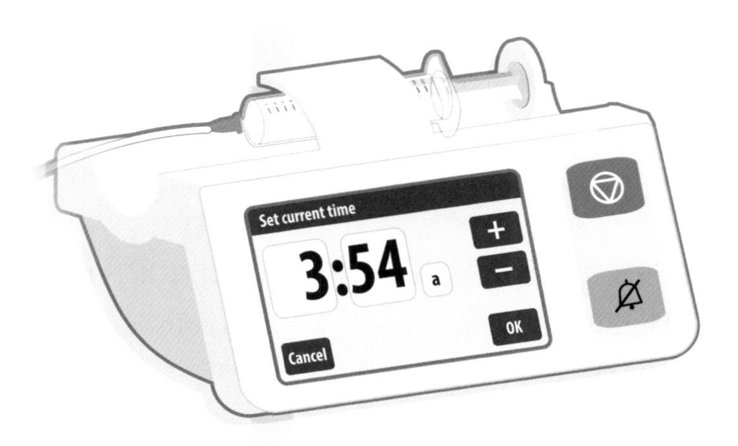

图12.25 注射泵

注射泵是一种小容量输液泵(图12.25)。它通过在规定的时间内以精确的速度按压注射器的活塞,将液体(如止痛药物)连续注入与患者静脉通道相连的输液管(即通过皮肤插入静脉的针或导管)中。护士通常在各种高级护理环境中操作注射泵。麻醉师和麻醉科护士在手术室操作这些设备。即便是普通人也可以接受培训在家使用注射泵,如输注止痛药。用户任务包括启动设备、设置输液程序、加载注射器、预灌封延长管、启动注射泵并随后监控输液情况、断开患者连接、移除或更换空注射器以及关闭设备。

使用错误

- 设定错误的时间(上/下午颠倒)

参与者将可编程注射泵的内部时钟设定为12小时制,但没有将时钟从上午(AM)切换到下午(PM)。具体来说,他将内部时钟设定为凌晨3点54分,而非下午3点54分。他报告称:"我甚至没有注意到那个表示AM的标签'a'。它太小了,根本不会引起你的注意。"

潜在伤害

- ✦ 用药时间过长造成用药过量。
- ✦ 用药时间过短造成用药剂量不足。

根本原因

1. 不显眼的AM/PM标签

时间设置界面使用字母"a"和"p"来表示上午和下午的时间,并将它们以较小的字体(8号)、小写文本的形式显示,这样的格式使得标识比较不显眼(图12.26)。

2. 缺乏确认

注射泵不需要用户确认内部时钟设置;相反,用户必须通过注意到主屏幕上显示的时间设置为不正确的12小时时间段(如"a"而不

图 12.26 “设定当前时间”界面上的“a”标签不够显眼，未能吸引参与者的注意

是“p”）来检测一天中的时间错误。

3. 默认设置

注射泵默认以 AM 设置显示一天的时间。用户必须注意到“a”并使用调整键将其切换到“p”。因此，用户可以设置一个时间，然后忽略审查，并在必要时调整 AM/PM 设置。

建议控制措施

1. 使 AM/PM 标签更加显眼

以非缩写的大写格式显示 AM 和 PM，并以更大、更可见的文本显示（如 18 号字，匹配在一天中的时间）。

2. 添加补充文本

用下列其中一种描述符（图 12.27）补充展示一天的时间（包括上午和下午）：

✦ 早/中/晚。

✦ 早上/下午/晚上 。

3. 添加确认界面

添加一个界面,要求用户确认设置的时间与当天的实际时间匹配。此外,提醒用户检查时间是否正确设置为AM而不是PM(图12.28)。

图 12.27 修改后的屏幕包括一个更大的、不缩写的标签,并指示一天的时间(即清晨)

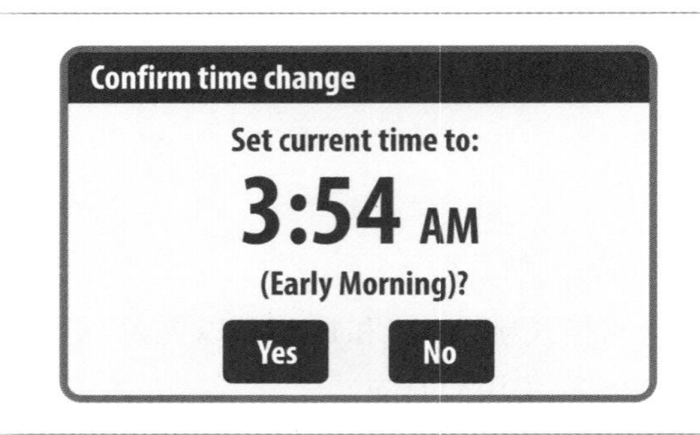

图 12.28 新增界面提示用户确认时间变更

医用升温毯

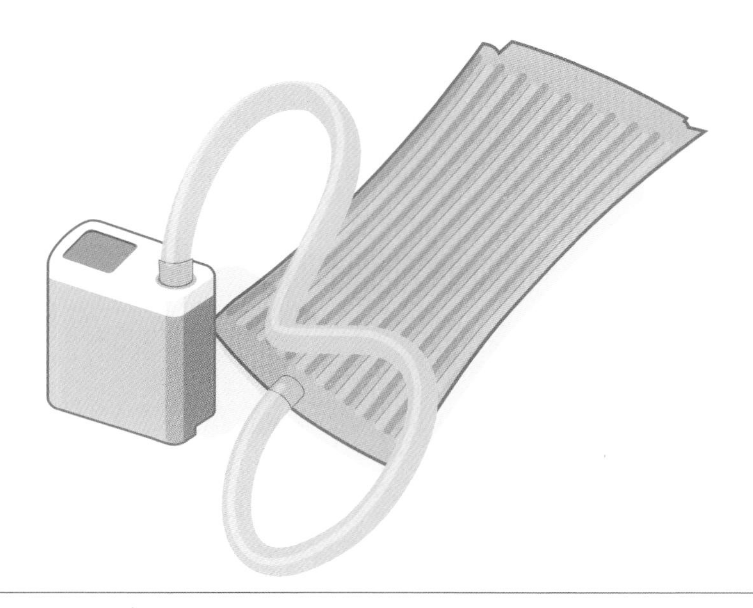

图12.29 医用升温毯

医用升温毯的设计是为了维持手术患者的正常状态(即体温为37℃)和防止体温过低(变得太冷)(图12.29)。在手术过程中,擦洗护士或其他手术团队成员将在患者身上盖上升温毯,根据患者的温度控制需求和手术部位进行调整。患者通常被麻醉。一般情况下,升温毯是一次性使用的纸质产品,是从紧凑的书本大小展开到可以覆盖患者的波浪形毯子。一个滚动加热装置,通常是垃圾箱大小,通过一个可弯曲的软管将恒温控制的空气传送到毯子上。用户可能接受过在职的设备操作培训,也可能在工作中学习如何使用。

使用错误

- 未将软管连接到升温毯上

一名护士没有将保温装置的软管连接到升温毯上;相反,她把软管的一端放在毯子下面(图12.30)。她后来解释说,她误解了产品的工作原理。她说:“我第一次使用它的时候,我看了说明书,但我认为你应该把毯子铺在患者身上,让暖气管的热气保持在里面。所以我把软管放在患者膝盖之间的毯子下面,这样它就不会掉到地板上了。”

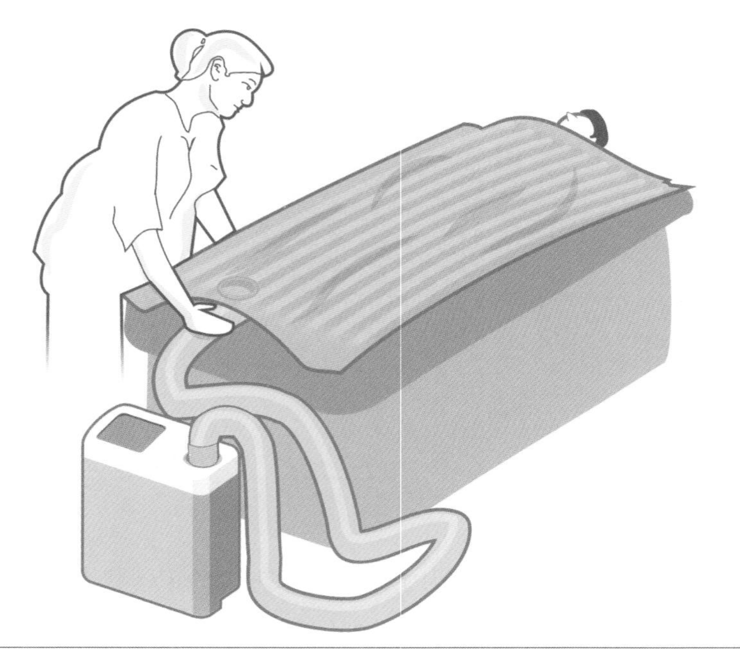

图12.30 参与者将软管置于毯下

潜在伤害

- ✦ 皮肤烧伤。
- ✦ 体温过低。

根本原因

1. 不显眼的连接器

软管与毯子的接头相对不显眼,因为它与毯子齐平,没有标记,并且与毯子具有相同的中蓝色(图12.31)。

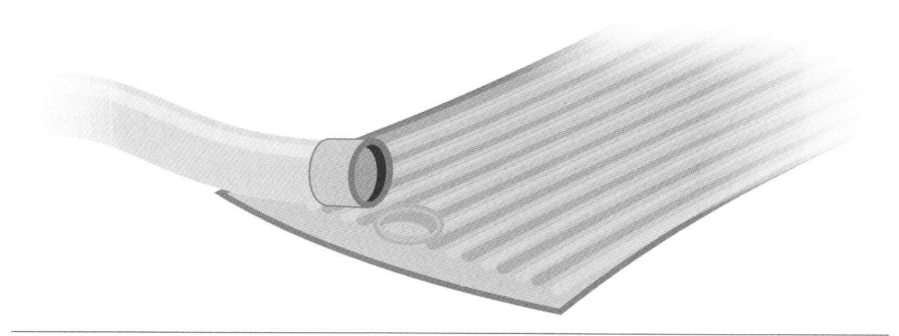

图 12.31　软管与毯子的接头和毯子融合，导致参与者忽略接头

2. 未指定 IFU 图案

IFU 包括一个说明用户应该如何将加温装置的软管连接到毯子上的图案，但是这个图案没有清楚地描述毯子连接器的位置（即入口）。此外，该图案没有显示软管连接到毯子，这可能导致用户认为他们应该将打开的软管置于毯子之下（图 12.32）。

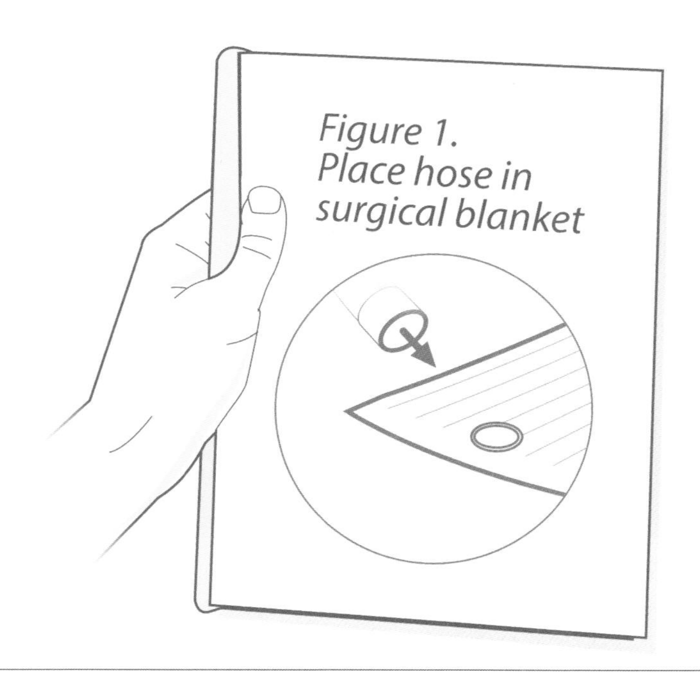

图 12.32　图案没有显示连接到毯子的软管

建议控制措施

1. 使连接器更显眼

使软管与毯子的接头在视觉上更加显眼，可通过使两个组件的颜色在功能上相互关联，但也将它们与蓝色毯子区分开来。另外，在连接入口附近添加一个文本标签，如“软管连接器”。考虑通过在入口旁边添加加温装置软管的插图或添加指向入口的图形箭头来进一步突出连接入口。

2. 修改图案

修改IFU的图案以显示连接到毯子上的加热软管，而不是直接放在毯子下面，并且包括连接的特写视图。

导尿管

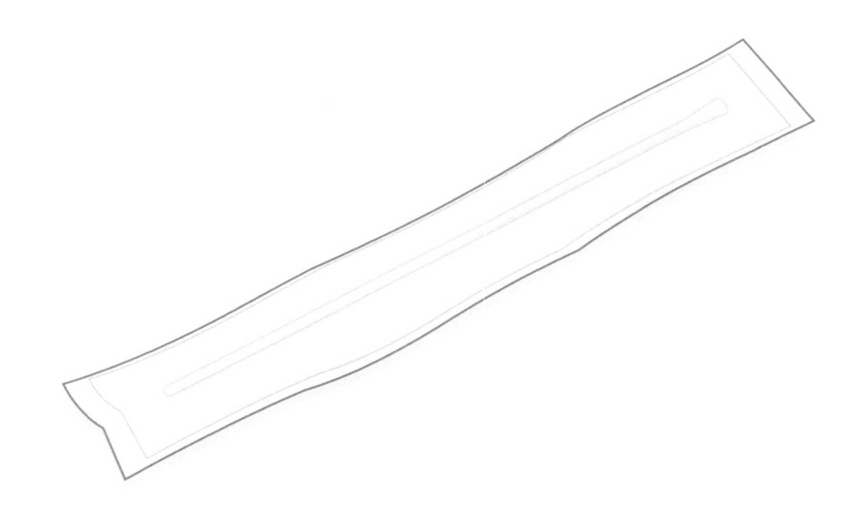

图12.33　导尿管

导尿管是一种放置在体内以从膀胱排出尿液的导管（图12.33）。该装置可由医疗专业人员（如护士）或患者/非专业人员放置，在大多数类型的导尿管中，后者最为常见。与该装置的交互包括在不造成污染的情况下将其从包装中取出，由经尿道和尿道括约肌插入膀胱，然后在排空膀胱后逆转这一过程。有时，使用者会将导管连接到收集袋上，而不是将尿液直接放入马桶。非专业人员可能有各种各样的身体和精神障碍，如患有截瘫的使用者手的力量和灵活性可能有限，因此他可能会选择用牙齿执行处理任务（即咬包装以产生拉动撕带的标签必要的阻力，从而打开外包装）。

使用错误

- 折叠导尿管

在设计情节中，参与者被告知准备在接下来的8 h里离开家，因此需要携带足够数量的导尿管。一名参与者抓住两根导尿管，将其折叠到正常长度的1/4，以便将导尿管存放在夹克口袋中。另一名参与者将四根导尿管放入背包，在大约1/3的位置折叠，使其完全放入背包。

两名参与者都报告说，他们折叠了导尿管，使其更容易携带。然而，弯曲的导尿管会在导尿管中产生扭结。使用者展开导尿管并将其从包装中取出后，导尿管通常会扭结，从而阻碍尿液流动（图12.34）。

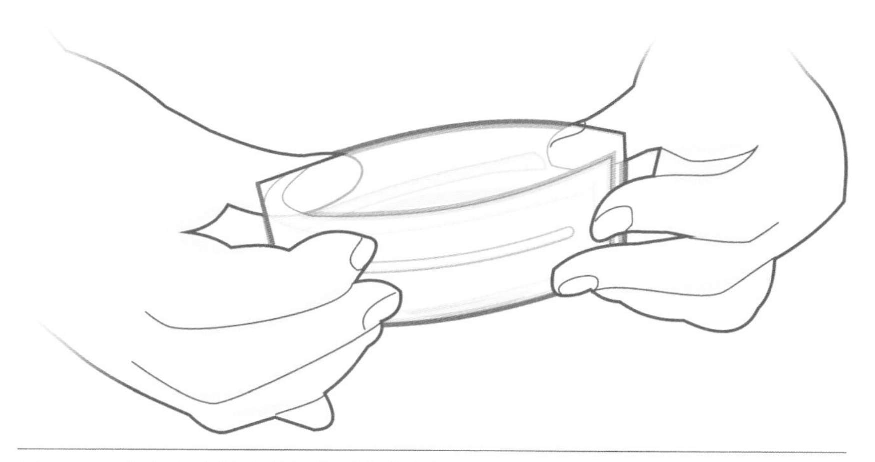

图12.34 参与者在储存导尿管时将其折叠

潜在伤害

- 膀胱没有被完全排空，导致感染。
- 浪费导尿管。

根本原因

1. 导尿管包装不够紧凑

单独导尿管的包装形式不允许使用者将其携带于普通尺寸的储存隔层中，例如口袋或背包。具体而言，导尿管是直的，而不是盘绕的，这降低了使用者将其储存在相对较小的空间内的能力

2. 依赖使用者自知不能折叠导尿管

导尿管包装和包装插件均未指示（或警告）不要折叠导尿管。此外，包装插件并没有解释折叠导尿管可能会导致在以后展开导尿管时持续存在的扭结。

建议控制措施

- 重新设计包装

将导尿管包装为不易扭结的盘绕形式，从而使导尿管足够紧凑，可以存放在口袋和其他紧凑的容器中（图12.35）。

图12.35 修正后的设计采用了盘绕状导尿管

血液透析机

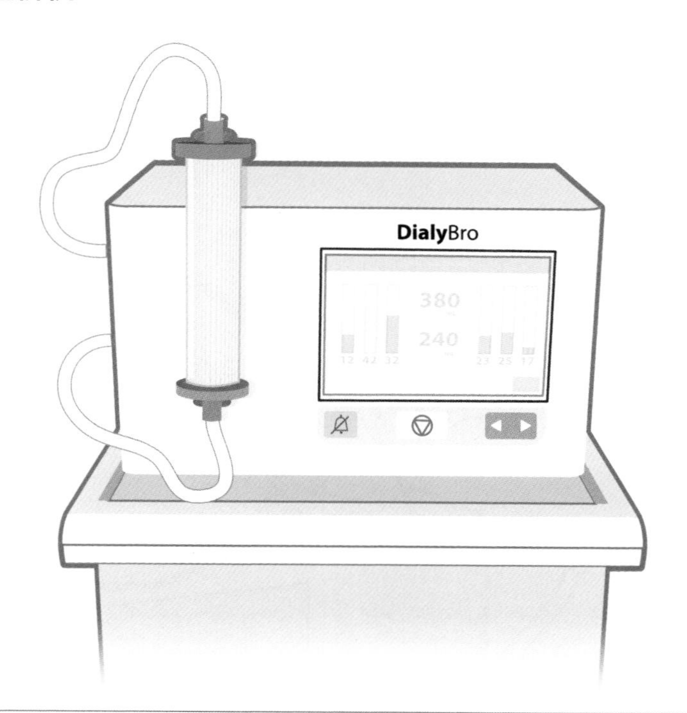

图12.36 血液透析机

当肾脏受损、功能失调或被移除时，血液透析机能过滤患者的血液，以去除多余的水和废物（图12.36）。传统上，这种机器存在于专为患者提供透析服务的医院和诊所。然而，血液透析机现在也存在于家庭环境中。在专业护理环境中，用户包括透析护士及技术人员；在家庭中，用户包括透析患者和护理人员，可能包括成年子女、成年朋友及配偶。自我治疗的患者可能有各种各样的身体和精神障碍，但是没有严重到无法独立使用设备。典型任务包括通过多个管道连通液体来设置机器以供使用、输入或确认处方（如在5 h内滤除2 L液体）、开始并监测治疗，通过关闭机器和进行必要的清洁和回收工作来完成使用过程。

使用错误

- 未反方向旋转血液管路

一名参与者在将血液管路拧到透析机之前，未反向旋转血液管路。因此，血液管路在连接点上方5 cm处扭结。参与者报告说未注意到扭结（图12.37）。

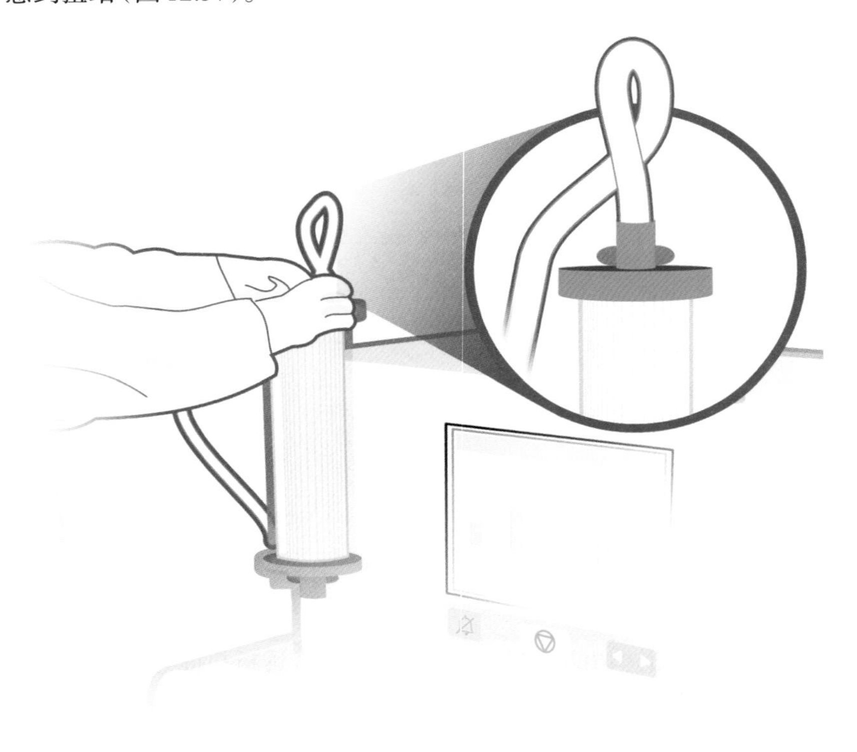

图12.37　参与者未反向旋转管路，使血液管路扭结

潜在伤害

✦ 溶血[①]。

① 溶血是对红细胞的破坏，会将血红蛋白释放到血浆中，从而减少血液中的含氧量。

根本原因

- 依赖用户反向旋转管路–透析机接口

管路–透析机接口的机制依赖于用户在拧至透析机之前反向旋转管路。具体来说,用户必须将血液管路反向旋转一整圈(可能是一个尴尬的动作),然后将其拧到透析机上。在不反方向旋转的情况下将管路连接到透析机上,会扭转管路造成扭结。

建议控制措施

1. 修改接头

使用一个不需要用户在连接到透析机之前反向旋转管路的管路–透析机接口。

2. 增加一个管路扭结警报

在扭结可能导致溶血之前,增加检测管路扭结的方法。

超声雾化器

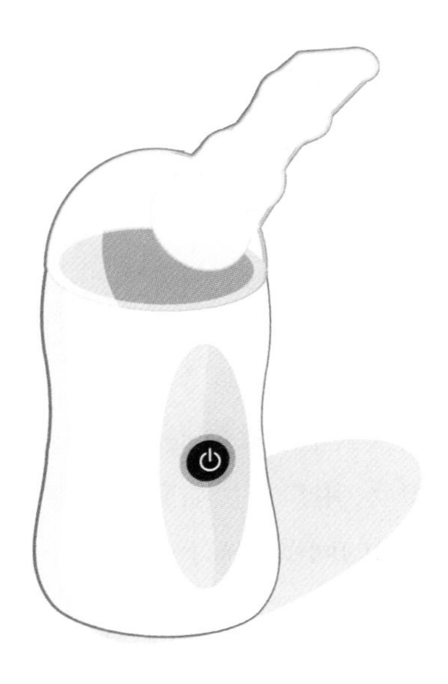

图 12.38 超声雾化器

超声雾化器使用高频振动使液体药物变成可以吸入肺部的非常细的薄雾（即气溶胶），以治疗呼吸系统疾病，如哮喘、慢性阻塞性肺病（chronic obstructive pulmonary disease，COPD）和囊性纤维化（图12.38）。该设备通常由非专业人员在家中使用，呼吸治疗师和护士在临床环境（如急诊科）中使用。用户任务可能包括组装设备、将药物添加到储液器中、启动设备、将口含管插入患者口腔、患者在指定的时间段内吸入药物气雾剂、结束治疗、拆卸设备、清洁部件并妥善储存。非专业人员可能有身体损伤，如关节炎，这会使手动操作设备组件变得复杂。

使用错误

- 未消毒零部件

为参与者设置的使用场景为雾化器已被“连续使用两天，没有进行特殊维护”，两名参与者开始进行日常清洗，而没有进行所要求的消毒。具体来说，他们将拆下的部件在温水里放置几秒，而不是将其浸泡在醋和水的溶液中60 min或放入沸水中10 min来对部件进行消毒。

潜在伤害

- ✦ 细菌感染。
- ✦ 用药剂量不足。

根本原因

1. 依赖用户意识到对零部件消毒的要求

雾化器没有标签或其他形式的提醒帮助用户认识到设备需要在使用的隔天消毒。相反，用户在从喷雾剂说明书中了解到此要求后，必须回忆起雾化器消毒的间歇性需求。

2. 不明显的指示说明

说明书指示用户对雾化器部件进行消毒的内容相对不显眼，与说明书中主要的分布指导分开。消毒要求以看起来为补充信息的密集段落呈现。此外，文本字号很小（8号），没有可能引起用户注意的强调信息，并且缺乏代表主要分布指南的图像强化（图12.39）。

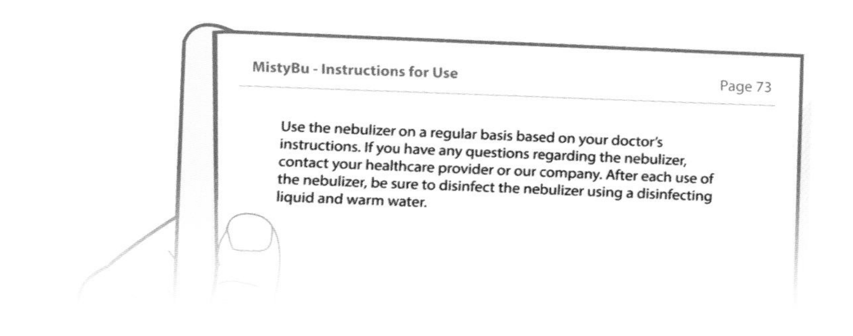
MistyBu - Instructions for Use

Page 73

Use the nebulizer on a regular basis based on your doctor's instructions. If you have any questions regarding the nebulizer, contact your healthcare provider or our company. After each use of the nebulizer, be sure to disinfect the nebulizer using a disinfecting liquid and warm water.

图12.39 说明书在一个包含补充信息的章节里提供雾化器消毒指南

建议控制措施

1. 增加标识

在设备上添加标签，提醒用户按照指定频率对设备进行消毒，在此情况下，需隔天消毒（图12.40）。

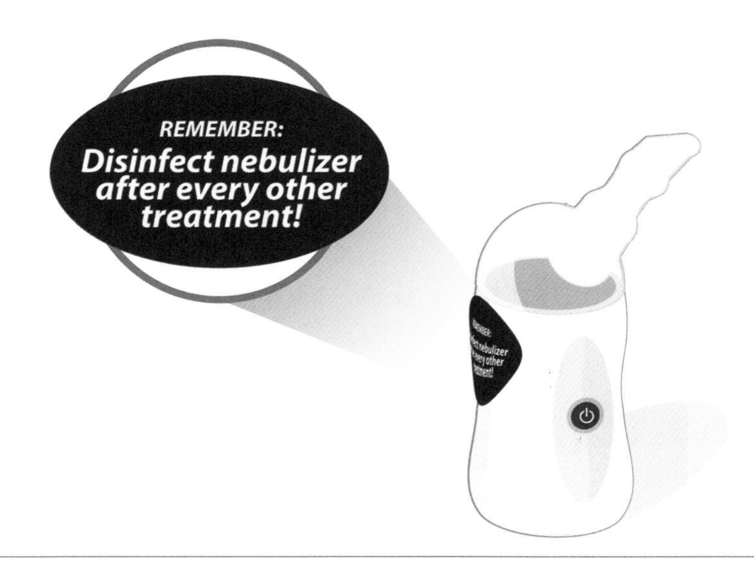

图12.40 新的标签明显地提醒用户每两天对雾化器进行消毒

2. 修改说明书

使说明书中与间歇性消毒的文本更加明显，并通过部件消毒的图像强调该文本。此外，将消毒信息嵌入步骤程序说明，而不是将其作为补充信息呈现（图 12.41）。

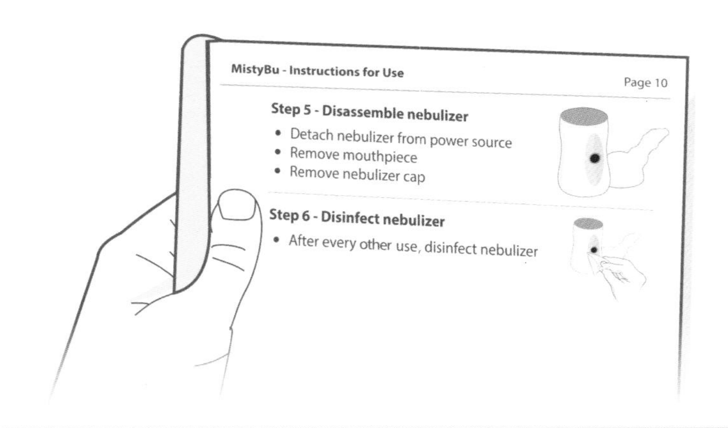

图 12.41　修改后的说明书包括消毒雾化器的分步步骤

心室辅助装置

图 12.42　心室辅助装置

心室辅助装置(ventricular assist device, VAD)是一个组件系统,用于促进心脏功能减弱的人的血液流动(图12.42)。在大多数情况下,该系统包括一个可植入的泵、外部电源(如多个电池)、一个泵控制器/计算机,以及各种电缆和其他附件。该设备通常充当“心脏移植前的过渡支持”,这意味着它为患者提供循环支持,直到有可用的供体心脏为止。使用者包括临床医生和进行植入手术(包括编程)的VAD团队的其他成员和患者、护理人员。VAD团队成员对一次可以持续数小时的VAD程序受过高度培训。患者/看护者的任务包括更换电池和响应警报条件。这样的患者可能有不同程度的虚弱,但一旦接受治疗,通常会变得更健康。

使用错误

- 未完全连接电池组

两名护士未能将电池组稳固地连接到VAD上。尽管两名护士都将电池组插入了VAD的插槽中,但他们并没有将电池牢牢地按压到足够深的插槽中,以保证安全连接,从而实现适当的电力传输。因此,VAD失去了电力。

一名护士解释说:“我以为电池一直都在,因为它看起来是正确的,它与设备齐平。”另一名护士说:“没有什么能说明我没有把它推得足够深,所以我认为我做得对。”

潜在伤害

- 失去机械循环支持,导致血液流动不足。
- 如果设备在休眠几分钟后重新启动,会导致血栓栓塞。

根本原因

1. 电池未完全插入时,与设备齐平

在其正确的连接位置,电池被嵌入设备外壳内约5 mm处。然而，两名参与者都认为，当电池与设备外壳齐平时，电池已经完全插入，因为电池有一个“完整”的外观；他们指出，只有设备上的一些凸出部分或凹进去的部分看起来是“未完成的”。因此，这些参与者没有将电池压到足够深的地方，以创建一个稳固的连接（图12.43）。

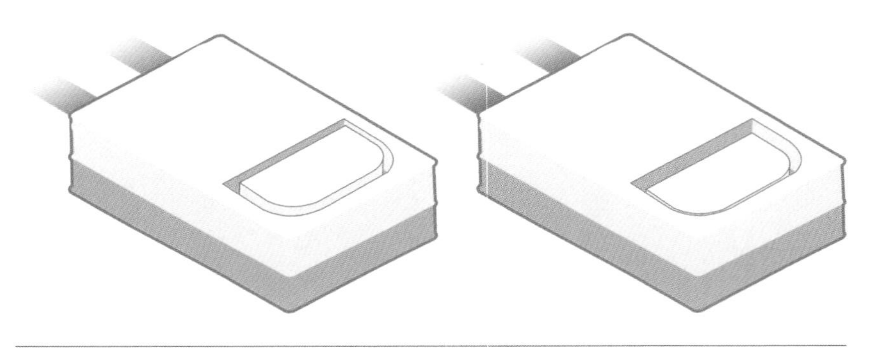

图12.43 电池插入不正确时（左）与外壳齐平，完全插入时（右）凹陷

2. 缺乏局部反馈

当用户正确插入电池时，VAD不会提供明显的反馈。相反，当用户将电池插入插槽时，它只提供可能不在用户视线范围内的屏幕反馈。

建议控制措施

1. 重新设计电池盒

重新设计电池盒，如果用户没有完全插入电池，它就会看起来绝对不合适。例如，插槽可以设计为如果没有正确插入，电池至少会凸出1 cm。

2. 添加“电池已连接”指示灯

在电池槽的正上方添加一个双色的LED灯，当电池正常充电时，它是绿色的（即电池已连接），未连接时为红色。

自动注射器

图 **12.44** 自动注射器

自动注射器是一种设计用于输送单剂量的特定药物的药物输送装置(图 12.44),因此用户不必设置剂量。相反,他们只是把自动注射器按在身体的某个部位上,注射器就会自动启动,或者他们通过按一个按钮来手动启动注射。尽管一些自动注射器被医疗保健专业人员使用,但大多数用户是外行人。外行用户可能有各种会影响注射治疗的疾病,如类风湿关节炎、多发性硬化症(multiple sclerosis, MS)、糖尿病、帕金森病、血友病和生长激素缺乏症,这些疾病对设备操作造成了一系列身体和精神上的限制。

使用错误

- 未检查药物

两名参与者没有检查储液器,以确认药物没有缺陷并且适合使用,因此他们没有注意到药物变色(发黄)并含有颗粒。一名参与者评论道:“我不确定该往哪里看。我想可能可以用。”另一名参与者评论道:“我完全忘记检查了。我记得读到过一些关于检查药物是否有效的内容,但是我忘记了。这似乎不是特别重要。”

潜在伤害

- ✦ 全身感染。
- ✦ 注射部位局部感染。

根本原因

1. 检查窗口较小

自动注射器筒体两侧的两个检查窗口相对较小(5 mm × 2.5 mm的矩形),不太显眼,不太可能诱使用户检查流体是否有缺陷。当使用者转动注射器时,检查窗口会变得更不显眼,以致其背对使用者(图 12.45)。

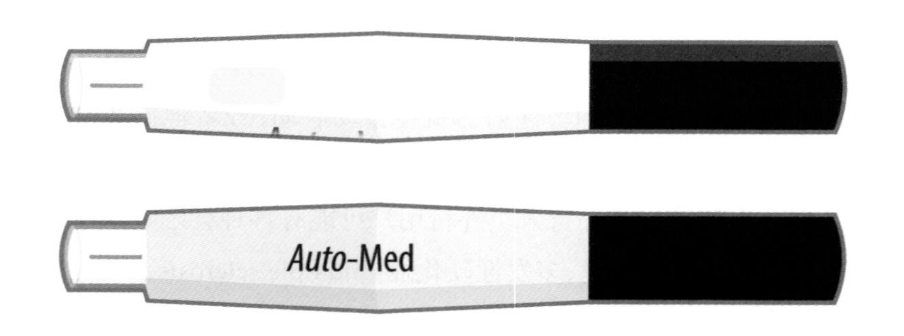

图 12.45　自动注射器的检查窗口相对较小(上),从各个角度都无法看到窗口(下)

2. 不解释后果

IFU 指示使用者检查药物的变色和颗粒,然而该文件并没有说明注射受污染药物的后果。因此,检查药物透明度的指示不太可能迫使使用者进行检查,在某些情况下,他们甚至不记得进行检查。

建议控制措施

1. 提高检查窗口的明显程度

通过以下一种或多种方式将检查窗口设计得更加显眼：增加窗口大小；在窗口周围添加彩色轮廓；添加指示用户检查药物的标签（图 12.46）。

图 12.46 修改后的自动注射器有一个更大的检查窗口，并用蓝色表示

2. 说明注射污染药品的后果

继续指示用户检查液体的变色和颗粒。此外，说明注射受污染药物的后果，以帮助提高用户对说明的遵守程度（图 12.47）。

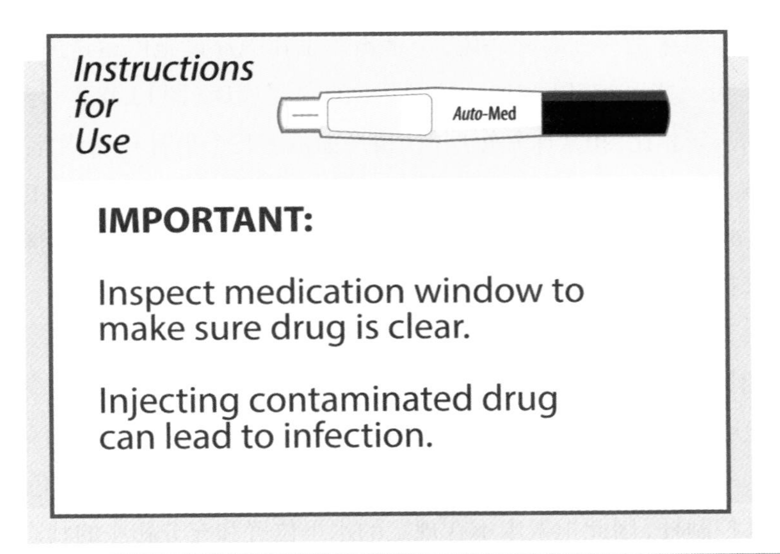

图 12.47 修订后的说明书指出注射受污染的药物可导致感染

担架床

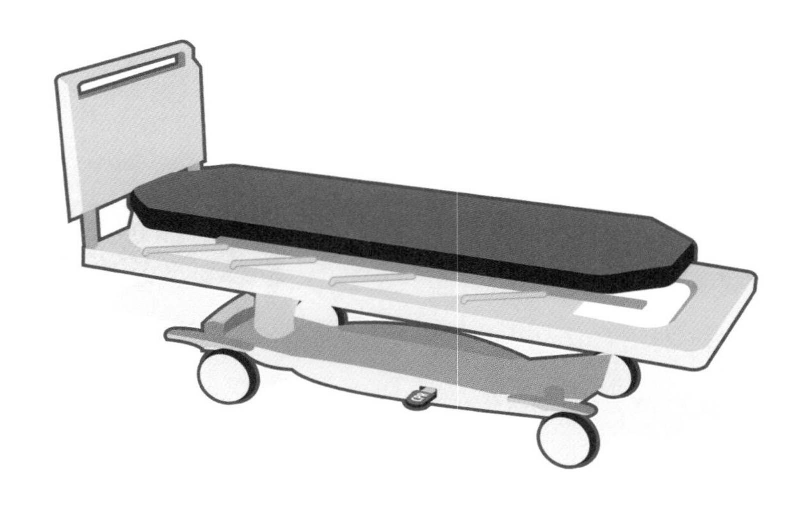

图12.48　担架床

担架床是一种医院病床，经常被用来在医疗设施内运送患者，以及作为一些医疗环境（如急诊科）中的主要病床（图12.48）。与病房里的病床相比，担架床是短期使用的（如最多几个小时）。使用者包括运输人员（如医院志愿者、护理员、护士助理）和各种其他临床工作人员（如医生、护士），他们可能需要通过降低担架床的侧栏或调整担架床来接近患者并进行CPR。

使用错误

- 没有将担架床调至CPR模式

一名护士在对模拟患者实施CPR之前没有拉动专用的蓝色金属CPR控制杆，因此担架床不在规定的水平位置和充分膨胀的状态；相反，担架床使模拟患者的头和膝盖被抬高。此外，气垫保持一定程度的柔软，而不是膨胀到最大压力，为心肺复苏提供一个更坚实的支撑。

参与者没有拉动CPR控制杆，而是使用主要位置控制装置手动将担架床的头部和膝盖部分降低到水平位置，然后在气垫仍然处于“柔软”设置的状态下开始CPR。因此，护士的胸外按压导致模拟患者反复沉入气垫并可能降低按压效果。

按照计划，在参加测试之前，这名护士并没有接受过关于使用担架床的培训。她说：“之前我并不知道担架床有为CPR设计的特殊控制形态。这是一个很好的特性，但是你需要训练才能知道杠杆在下面。也许它可以被置于高一点的头轨和侧轨之间的位置。”

潜在伤害

- 延误心肺复苏术。
- 无效心肺复苏术。

根本原因

- 不显眼的CPR控制杆

CPR控制杆位于担架床上相对较低的位置，与担架床的主要控制装置分离。同样地，护士也没有注意到CPR控制杆。因此，她没有意识到担架床上有CPR模式，可以通过拉动CPR控制杆激活（图12.49）。

建议控制措施

1. 将CPR控制杆放在显眼位置

将CPR控制杆放置在容易被注意到并且容易控制的位置，例如在担架床边框的较高位置。确保控制杆处于不太可能被床单或毯子覆盖的位置。

2. 更改CPR控制杆颜色

将CPR控制杆涂成红色，使其更显眼，并将其识别为紧急控制（图12.50）。

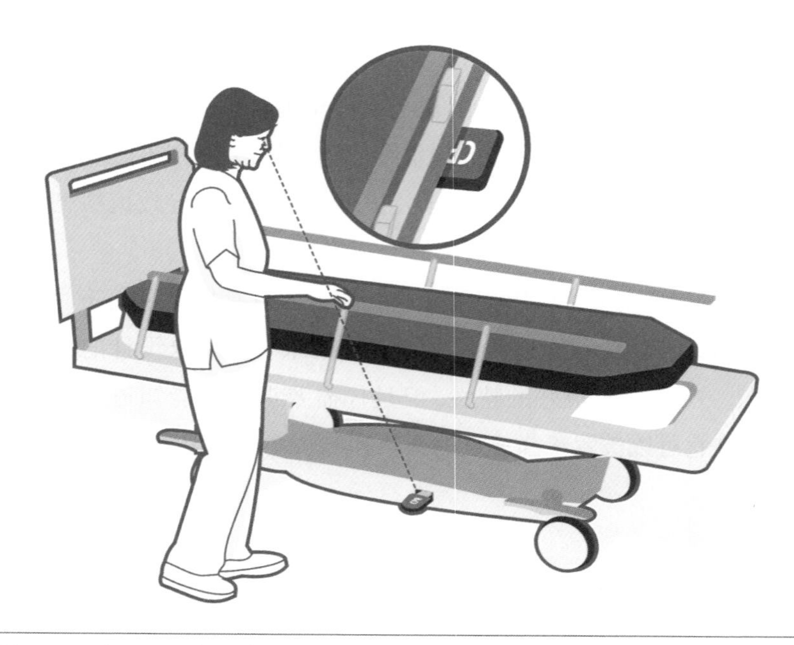

图 12.49　由于CPR控制杆在框架上的位置，使用者无法清楚地看到它

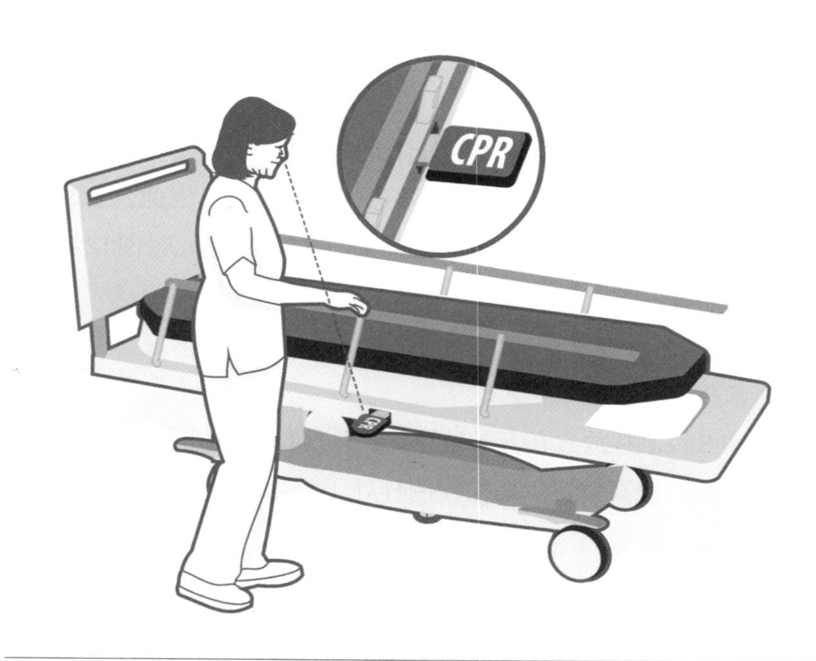

图 12.50　位于担架床框架上较高位置的红色杠杆更容易吸引用户的注意力

智能手机应用程序：餐时胰岛素计算器

图 12.51 餐时胰岛素计算器的智能手机应用程序

餐时胰岛素计算器是一种基于智能手机的工具，它可以帮助糖尿病患者计算他们准备吃一顿饭所需的胰岛素用量（图 12.51）。此计算器可以与胰岛素给药装置结合使用，如可穿戴胰岛素泵或笔式注射器。用户输入的信息可能包括最近一顿饭所吃食物类型，或者可能只是碳水化合物的摄入量、用户当前和目标血糖水平、胰岛素敏感度、“活性胰岛素量”等。一个血糖控制良好的年轻人可能没有任何特别障碍，而其他人可能会因为糖尿病、并发症以及超出目标血糖范围（即出现低血糖或高血糖）而出现一定程度的身体和精神障碍。

使用错误

- 没有输入所有摄入的碳水化合物的信息

参与者用此应用程序，根据摄入膳食内容清单来确定合适的餐时胰岛素。一名参与者用了应用程序的食物库来确定他在示例餐中摄入的碳水化合物克数。他算出了一个大号烤土豆的确切克数（40 g），但没有查一个中等大小的面包卷的碳水化合物含量（15 g）。因此，他认为自己摄入了40 g而不是55 g碳水化合物。他在计算器中输入了“40 g”，得出了推荐餐时胰岛素剂量为5单位，低于所需的7单位。

测试参与者评论道：“我本来打算把面包也算进去的，但当我发现了土豆的碳水化合物后，我忘记了继续输入，只是点击了‘完成’按钮。也许因为我并没有真的吃那顿饭，只是为了帮你们模拟，这可能会有所影响。”

潜在伤害

- 高血糖。

根本原因

1. 按钮位置

“添加”按钮在屏幕右上角的位置可能被忽略；屏幕上的这个位置通常被认为没有其他位置（如左上角、右下角）显眼。用户的注意力可能会从屏幕顶部转移到屏幕中间输入碳水化合物的区域，然后转移到屏幕底部的“完成”按钮。因此，“完成”按钮是一个“动作呼吁”，可能会导致用户忘记使用“添加”按钮来查找和输入其他碳水化合物的信息（图12.52）。

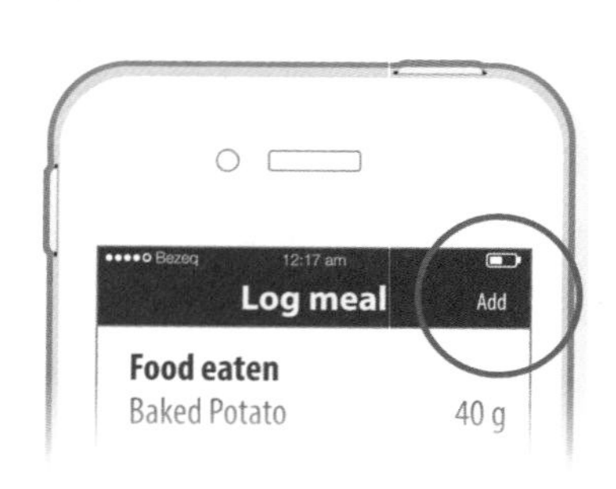

图12.52 “添加”按钮相对不显眼

2. 测试干扰

参与者实际上并没有吃既有烤土豆又有面包卷的一餐，这可能导致他在计算餐时胰岛素剂量时忽略了需要考虑的面包卷。

建议控制措施

1. 重新设计“添加”按钮的位置

在用户将视觉注意力从屏幕顶部自然转移到底部时，将“添加”按钮放置在用户容易看到的地方。

2. 重命名“添加”按钮

将“添加”按钮重命名为“添加更多碳水化合物”，以提供更明确的动作呼吁（图 12.53）。

3. 添加碳水化合物汇总页面

增加一个列出所有碳水化合物条目的页面，并要求用户在查看推荐餐时胰岛素剂量之前确认输入该清单是完整和准确的。

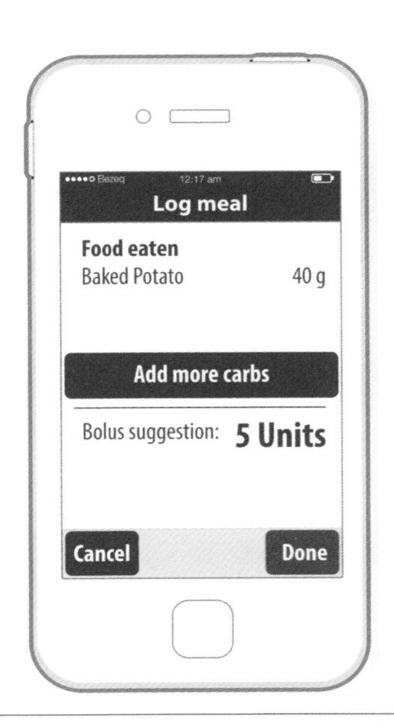

图 12.53 重新设计的屏幕包括一个描述更详细的按钮标题；此外，将“添加更多碳水化合物”按钮置于屏幕的中心

纳洛酮鼻腔喷雾剂

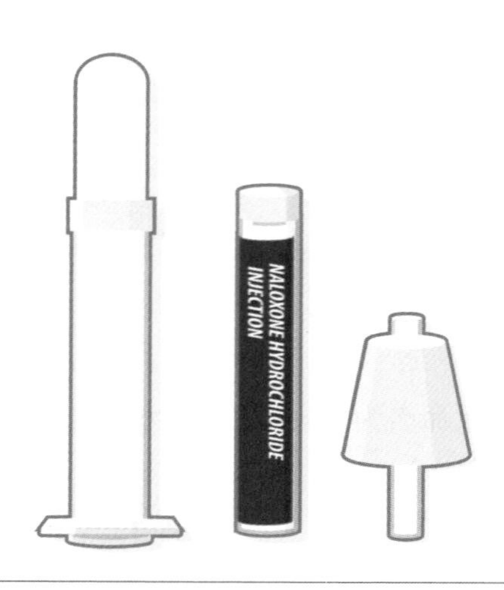

图 12.54 纳洛酮鼻腔喷雾剂

纳洛酮是一种用于治疗阿片类药物(如羟考酮、海洛因)过量使用的药物(图 12.54)。使用者可以将纳洛酮用作鼻腔喷雾剂,将一剂纳洛酮分别喷于两个鼻孔,以便更完全地吸收药物。至今为止,大多数使用者都是一线救护人员(如救护人员、急救医务人员),他们遇到的人很可能已失去意识,甚至临近死亡。一线救护人员都接受了使用该喷雾剂的培训。用户任务包括从组件开始组装器械、将一半剂量均匀喷至患者的每个鼻孔中,并正确处置该器械。

使用错误

- 没有把纳洛酮喷进两个鼻孔

三名参与者将全部剂量的纳洛酮喷入一个鼻孔,而不是将一剂平均分配到模拟患者的两个鼻孔中。具体来说,这些参与者将锥形喷头插入一个鼻孔,然后稳定地推送注射器芯杆,直到全部药物被注射至鼻腔。

在犯了同样的使用错误后,2/3 的参与者立刻主动表示,他们忘记了将给药剂量平均分给两个鼻孔,但为时已晚。另一名参与者评论道:"我知道应该将药物分配给两个鼻孔,但我认为也可以一次性将全部剂量注入一个鼻孔,这样你可以更快地给药。"

潜在伤害

- 剂量不足,导致患者因阿片类药物过量使用而死亡[①]。

根本原因

1. 依赖用户分配剂量

鼻喷剂的标签并未指示使用者将剂量分配给两个鼻孔。因此,该产品依赖于使用者凭借自己的直觉将一半的药物注入一个鼻孔,另一半注入另一个鼻孔。

2. 说明书未说明分配剂量的好处

虽然说明书指导使用者将给药剂量分配于两个鼻孔,但它并没有解释在临床上这样做的益处。因此,一些用户可能认为分配剂量不是一个重要的步骤,于是跳过该步骤。

3. 无明确半剂量标识

纳洛酮鼻腔喷雾剂可让使用者一次性注入全部剂量的药物(即持续推送注射器芯杆,直至给患者注入全部剂量的药物)。例如,鼻腔喷雾剂未在注入半剂量的药物时提供反馈,提醒使用者应该切换鼻孔。

建议控制措施

1. 修改标签

在产品表面添加标签,指示用户在每个鼻孔使用一半的剂量。此外,在注射器的刻度上添加更多细节,以指示半剂量刻度(图 12.55)。

---

① 当使用者仅在一个鼻孔使用纳洛酮时,鼻腔吸收药物的表面积小于两个鼻孔给药的表面积。因此,仅在一个鼻孔给药可能是致命的,因为患者没有吸收足够的纳洛酮来治疗阿片类药物过量使用。

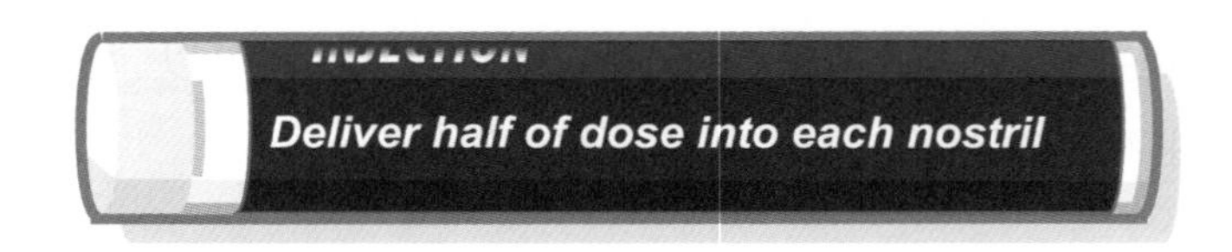

图 12.55　附加的产品标签提示用户在两个鼻孔各注入半剂量药物

在用户说明书上添加一个警告，建议不要将全部剂量注入同一个鼻孔。此外，还应解释在每个鼻孔中各使用半剂量药物的好处，以提高那些可能不遵守医嘱的使用者的依从性。

2. 添加触觉反馈

开发一种注射器，当使用者给药至半剂量时产生触觉反馈，从而指示需要切换到另一个鼻孔。

肠内营养输注泵

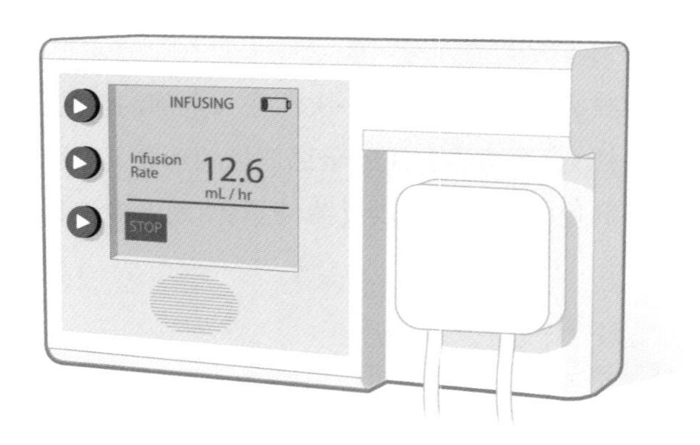

图 12.56　肠内营养输注泵

肠内营养输注泵将肠内营养输送给那些无法经口获取足够营养或水分的人（图 12.56）。营养液从泵通过一根导管进入患者体内。导管可以是经皮的(穿过皮肤)或通过鼻腔到胃。输注需由专业医护人员操作,如长期在护理机构工作的护士和助理,或在家里使用泵的患者和他们的护理人员。用户任务包括在泵中安装一次性的管组、设置泵以提供定量的肠内营养、将泵管末端连接到患者的喂养管、启动并监控营养输送的过程。用户可能偶尔需要对设备警报做出响应。有些医护人员可能接受过详尽的设备培训,但其他人可能没有。患者也可以通过培训来操作泵的基本功能,但可能会面临由于身体和/或精神不便而带来的挑战。

使用错误

- 没有听到警报

肠内营养输注泵以频率为4 000 Hz、音量为80 dB的矩形波形式稳定地发出警报(即尖锐的周期性蜂鸣),但有两名参与者没有听到低电量警报。

值得注意的是,这两名参与者都报告说他们有些听力"障碍",尤其是对尖锐的声音。

潜在伤害

✦ 延误治疗。

✦ 营养供给不足。

根本原因

1. 声音频率过高

由于警报声的频率太高,参与者无法听到警报。两个人都有高频听力损失,这是一种与年龄有关的疾病,被称为老年性耳聋[①]。因此,两

① 如ANSI/AAMI HE75:2009/(R) 2013所述,老年性耳聋的典型症状是对高于2 000 Hz的声音的听力下降,常见于50岁出头和更年长的男性。

位参与者并没有听到这些具有穿透力的警报声。

2. 单一模式警报

该设备使用单一模式（听觉警报）发出低电量警报，而非多种模式（如听觉和视觉警报）。因此，该设备依赖于用户本身的能力来听到警报声，这可能会给有听力障碍的用户带来挑战。

建议控制措施

1. 降低警报音调频率

将警报音调频率从4 000 Hz降低至1 000 Hz。此外，为符合相关的警报标准（如IEC 60601-1-8），可能不得不改用能发出更复杂声音的发声器。

2. 添加视觉警报

在设备上添加一个视觉警报，例如一个闪烁的LED灯，以增加用户注意到低电量警报的可能性（图12.57）。

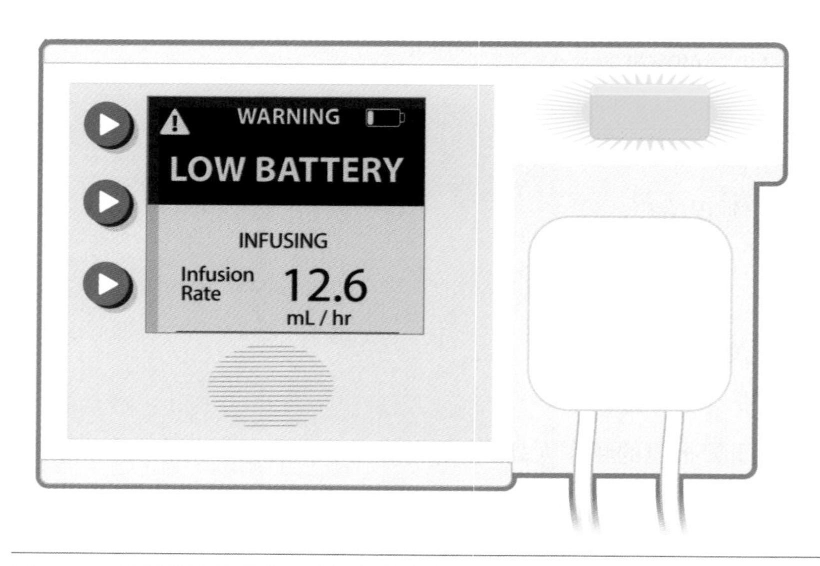

图12.57 重新设计的泵有一个闪烁的黄色LED灯

定量吸入器

图 12.58 定量吸入器

定量吸入器用于将雾化药物通过肺部吸入体内(图 12.58)。该产品通常用于哮喘患者，包括儿童、成人和老年人。用户任务包括当开始治疗或更换空药罐时将药罐放入定量吸入器中，有时需连接一个储雾罐，通过按压药罐阀门来喷出一定剂量的药液，并在适当的时间呼气和吸气以吸入全部药物。有些用户可能存在一些障碍，从而影响他们紧握定量吸入器和控制呼吸的能力。

使用错误

- 拿反吸入器

两名参与者在尝试吸入雾化药物时将吸入器拿反了(即倒置)(图 12.59)。结果，参与者没有吸入全部剂量的药物，因为当吸入器倒置时，吸入器的给药机制无法雾化全部药液。

一名测试参与者说:“我甚至没有注意到‘此面朝上’的标签。他

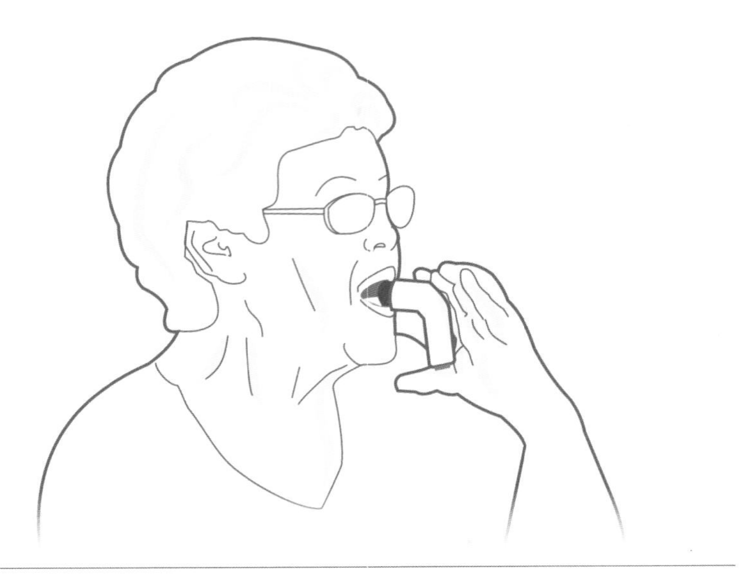

图 12.59　受试参与者在吸入药物时，将吸入器倒置

们应该把它改成黑色，这样就能吸引你的注意了。”另一名参与者说：“吸入器看起来应该可以用任何方式拿着。如果必须把这一面朝上，那么应该有一个向上的箭头或其他标志。”

潜在伤害

- 剂量不足。
- 没有给药。

根本原因

1. 方向指示不足

该管状吸入器的顶部和底部外观几乎相同，这使参与者认为在吸入药物时无论哪一面朝上都可以。

2. 标签不明显

“此面朝上”的标签被模压到设备上，导致文本与其背景没有显著的对比。因此，标签相对不显眼，未能引起参与者的注意。

建议控制措施

1. 将指示文字印刷至设备上

在吸入器顶部附近，打印耐用且高对比度的“此面朝上”字样(图12.60)。

图 12.60 重新设计的吸入器包括指示正确方向的标签

2. 修改外壳

考虑改进吸入器的外壳(如形状、材质、纹理、颜色)，让使用者更容易区分吸入器的顶部和底部。

药物贴敷泵

贴敷泵通过插入体内(通常是腹部或大腿)的导管进行皮下给药(图12.61)，常应用于胰岛素给药。用户主要是需要以稳定的速度用药和/或需要按需给药的非专业人士。药剂师和护士在处方执行和患者培训时与设备的交互比较有限。非专业人士需要准备好注射部位，将贴敷泵贴至他或她的身体，按照必要步骤将导管插入皮下，检查贴

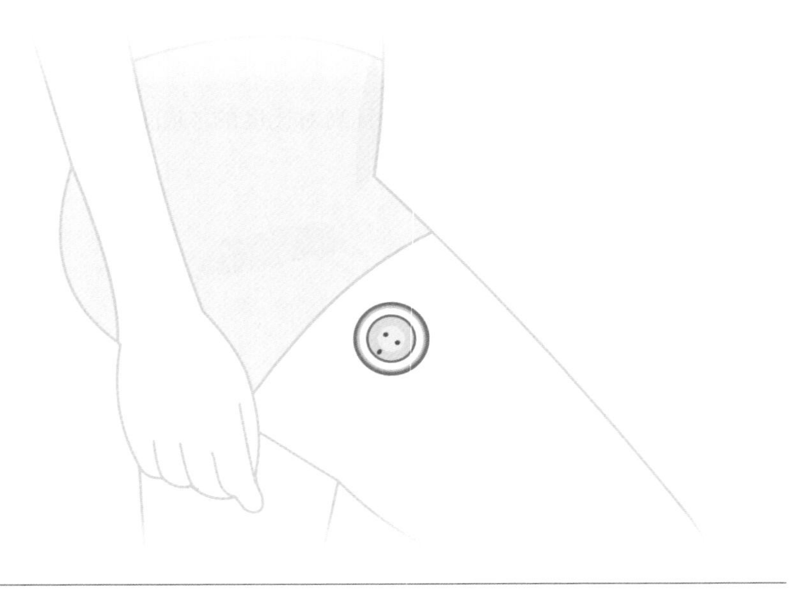

图 12.61 药物贴敷泵

敷有何问题(如药物泄漏、感染的迹象),必要时给药,并在处方规定的时间间隔内更换新的贴敷(如每3 d更换一次)。非专业人士可能有各种医疗状况或与治疗相关的并发症,这可能会对设备操作造成一系列身体和心理限制。

使用错误

- 将药物注射至错误的设备端口

三名参与者错误地将药物注射到导管接口,而不是注药口。

一名参与者说:"我只能猜测注射器应该插在哪个孔里。我选择了看起来更靠近中心的那个,因为我以为药物是储存在贴敷中间的。"

另一人评论说:"如果在针头的位置有一个标签会更好,这样你就能知道贴敷泵上注入药物的确切位置。也许可以画一个注射器指向它,或者可以在它周围画一个彩色大圆圈并标注'由此注入'之类的词。"

另一名参与者说，最初他不确定在哪里注射药物，所以查看了使用说明书。该参与者进一步解释道："我查看了使用说明以寻求帮助，但是注药口和导管接口的图片看起来与实际的贴敷泵不一致，所以我还是不明白。"

潜在伤害

- 剂量不足。
- 延误治疗。
- 设备浪费。

根本原因

1. 组件外观相似

注药口和导管接口看起来几乎相同，因此很难区分。这两个端口都是位于贴敷泵的底面、直径约为4 mm的孔，唯一的区别是它们的位置不同。

2. 缺少标识

贴敷泵未标示注药口或导管接口，因此该设备依赖于用户来区分这两个端口，从而将药物注入正确的位置（图12.62）。

图12.62 无标识的注药口和导管接口

3. 图形不准确

说明书中对注药口和导管接口的图像描述未能代表实际产品。具体而言，图像中两个端口均匀地分布在贴敷上。然而，实际上导管接口靠近贴敷中心，注药口偏离中心。

建议控制措施

1. 标识注药口

清楚地标识注药口，以提高用户对注药口用途的理解。可选用加粗的外框凸显并/或用图标和/或文本标记（图 12.63）。

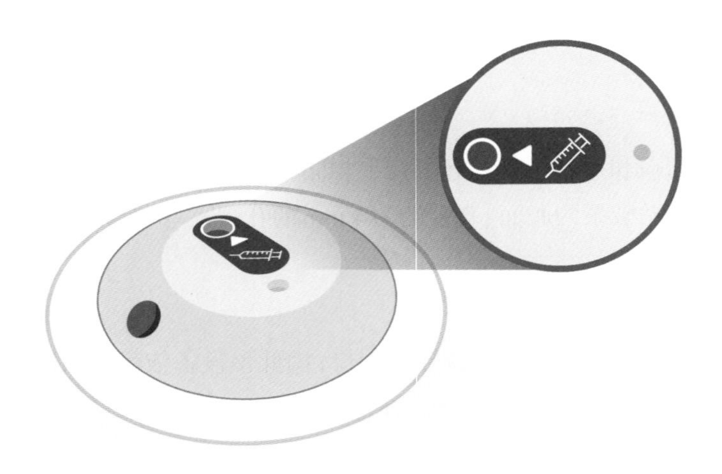

图 12.63 使用注射器图标指示药物注射口，增强用户对注药口用途的理解

2. 使针头无法接入导管接口

寻找使针头无法与导管接口连接的方法和机会。换句话说，修改设计，从而无法将针头插至导管接口。

患者监护仪

医护人员在重症监护病房、手术室和急诊室等各种环境中使用患者监护仪查看患者的健康信息（图 12.64）。患者监护仪通常放置在患

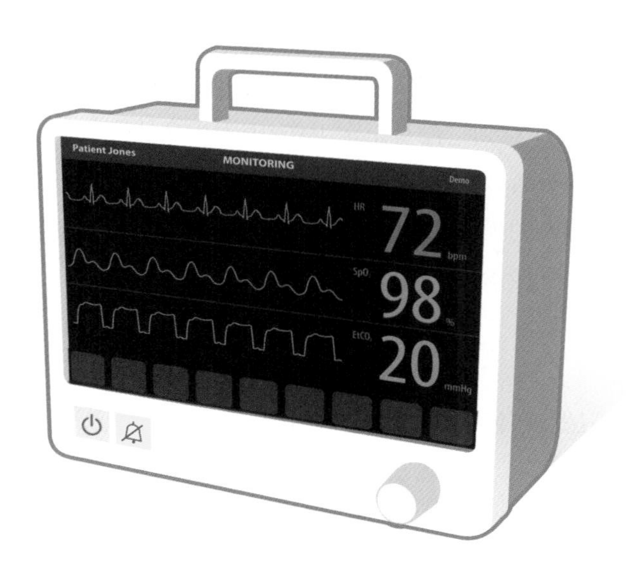

图 12.64　患者监护仪

者头部侧上方的架子或壁挂式吊杆上。它们以波形和数值的形式显示生命体征，并且当生命体征超出健康范围时发出警报。用户包括护士、治疗师和医生，他们不太可能有严重的、未经干预的障碍。他们或许接受过关于如何使用特定监视器的正式培训，但是很可能使用过许多具有独特用户界面的不同类型的监视器。

使用错误

- 使用演示操作模式对患者进行监测

两名参与者使用监护仪的演示（即培训）模式监测模拟患者。该任务要求监护仪以演示模式起始，就像它近期都被用于新员工培训那样。但是，在执行监测任务之前，参与者并没有将监护仪从演示模式切换到操作模式。结果，参与者误把演示数据当成了患者的生命体征。

在测试后的访谈中，一名参与者说："我不知道显示器卡在演示模式中了。我认为它应该始终以正常模式启动,或者会让你确认是否应该留在演示模式。”该参与者补充道:“如果把它连接到一个真正的患者身上,我可能会注意到它没有正常工作,因为生命体征显示非常稳定。”

第二名参与者评论道:“我以为监护仪处于正常模式,因为这是前一个任务中所处的模式。相信在真实的情况下我会检查操作模式,因为我总是在早上接诊之前进行一次彻底的设备检查。”

潜在伤害

- 延迟发现各种紧急病情并做出反应。

根本原因

1. 模式指示不明显

模式指示较不明显,因为12号字号较小且没有任何其他可能会吸引用户注意模式指示的视觉特征,如颜色标识或闪烁(图12.65)。

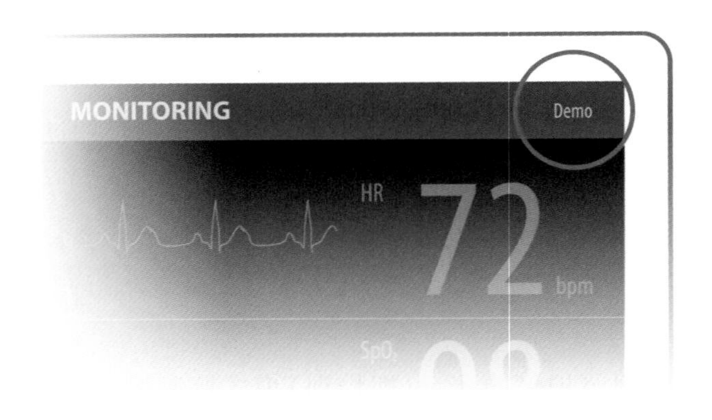

图12.65 演示模式指示相对不明显

2. 默认模式为演示模式

用户希望患者监护仪能够以正常(默认)工作模式启动,而不是不常用的演示模式。

3. 测试干扰

使用错误可能在一定程度上是由人为测试场景引起的，该场景要求测试参与者想象自己已经好几天没有根据该监护仪诊断病历或接触该监护仪了。因为参与者并没有自己将监护仪切换到演示模式，之前操作的经验可能会给他们灌输一种设备处于正常工作模式的思维定式。

建议控制措施

1. 默认为正常操作模式并由用户确认

当用户发出用监护仪开始监测新病例的信号时，监护仪自动切换至正常工作模式，同时在正常工作模式下启动。用户无须确认模式转换，因为切换到正常操作模式不会带来风险。

2. 增加演示模式指示的显著性

重新设计演示模式指示形式，使其更加显眼，并将其与正常工作模式区分开来。例如，模式标题的文字变大，将其颜色与用户界面的其余部分形成鲜明对比，并适当闪烁标题以吸引注意力，从而增加用户识别设备处于演示模式的可能性。另外，将“演示模式”的标题放在彩色标题背景上，以帮助用户一目了然地看到当前工作模式（图 12.66）。

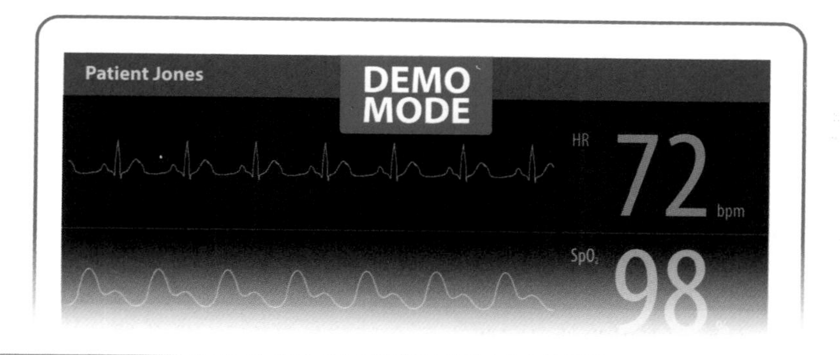

图 12.66 更新后的监护仪用户界面上有一个醒目的红色“演示模式”指示

气动射流式雾化器

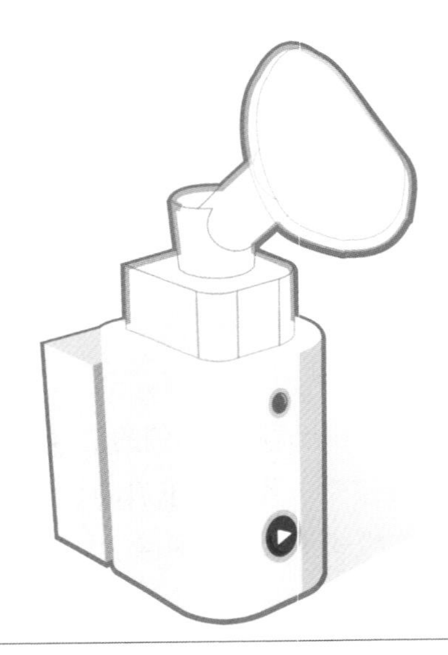

图 12.67 气动射流式雾化器

气动射流式雾化器使用压缩空气或氧气雾化液体药物(图 12.67),患者吸入雾化器产生的雾气。气动射流式雾化器通常用于急救场景,例如在医院里有患者呼吸窘迫,需要更有效的治疗,但这些设备也可在家中使用。气动射流式雾化器通常需要先组装,使用后拆卸再清洗。家庭用户可能是患有呼吸道疾病的普通人或看护者(如为孩子治疗的父母)。这些用户可能有一些在普通人群中常见的缺陷。更重要的是,取决于不同的治疗原因,有些自行雾化的患者可能会受到血氧饱和度降低的影响,并对自己的病情感到紧张。

使用错误

- 给药剂量不足

一名参与者以为他已经吸入了全部药量,于是在雾化器喷出全部药物之前就停止吸入药物,并从口中取出雾化器。

重要的是，该参与者没有正确地安装雾化器。具体来说，他把喷嘴装反了。因为剂量进度指示灯在雾化器的对侧，背向着他，所以他看不到剂量进度。

在任务结束后的访谈中，该参与者说："我认为我正确地安装了那个零件（喷嘴），因为它正好能与雾化器连接。我没有意识到雾化器有剂量进度条，因为我看不见灯光。"

潜在伤害

✦ 剂量不足。

根本原因

1. 喷嘴有两种连接方式

喷嘴的设计特征确保其在被安装时指向与显示屏垂直的方向，但这使得用户有可能将喷嘴朝着与预期180°相反的方向安装至雾化器上（图12.68）。

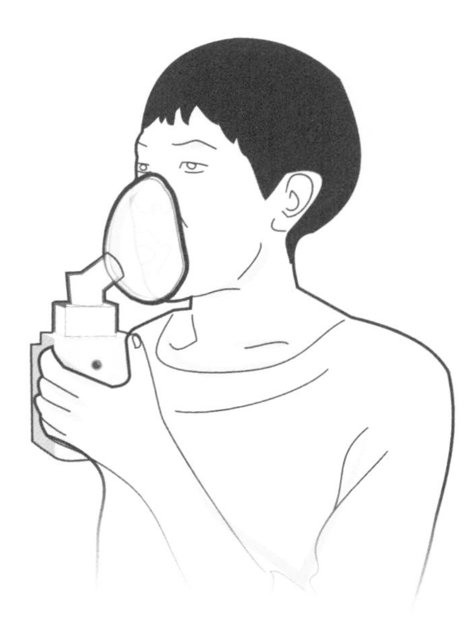

图12.68 喷嘴可以被安装至雾化器，但在用药时剂量指示灯背向用户

2. 单一模式的剂量进度指示

雾化器使用单一模式(6个LED灯),而不是多重模式(包括视觉及听觉指示)指示给药剂量进度。因此,雾化器依赖于使用者在给药期间看到LED灯的指示,但如果使用者在组装雾化器时将LED灯的朝向装反,使用者就无法看到LED灯并知晓给药的进度。

建议控制措施

1. 重新设计喷嘴接口

重新设计喷嘴与雾化器接口的形状,使用户只能按正确的方向插入喷嘴(图12.69)。

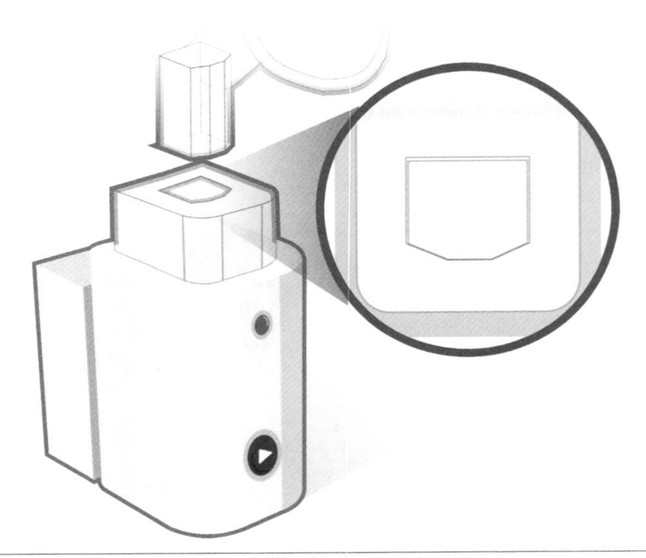

图12.69 修改形状设计后的喷嘴只能以正确的方向安装到雾化器上

2. 添加剂量进度的声音指示

添加剂量进度的声音指示。例如,每当给药进度LED灯闪烁时,雾化器发出一声蜂鸣声;当雾化器全部给药时,发出不同的表示“剂量完成”的蜂鸣声。

注射器

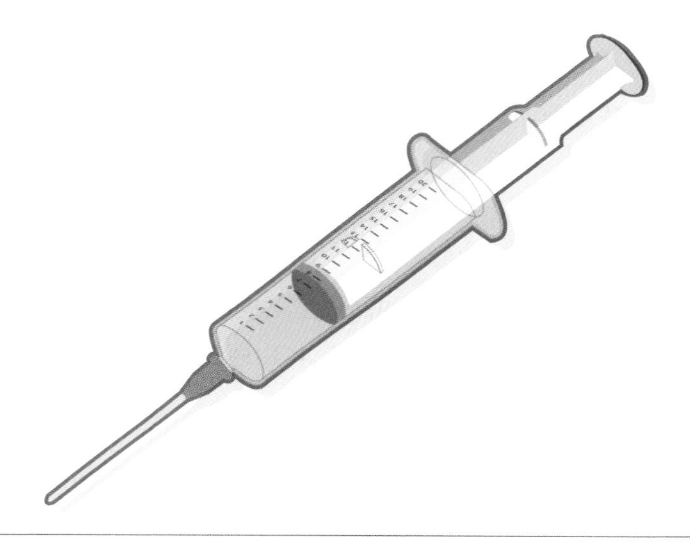

图 12.70 注射器

注射器包含一个能在空心针筒（即针管）内滑动的芯杆（图 12.70）。很多注射器都附有针头，但有些有可将塑料接头旋转连接至有兼容接头（如鲁尔接头）的管路。注射器可预先被填充好药物，或要求使用者（如护士和药剂师）将药物从西林瓶中抽至注射器中，有时用注射器将冻干药物（粉末）重新配制成药液。使用注射器是一项基本的临床技能。

使用错误

- 稀释液吸取量不正确

参与者抽取了 16 mL 而不是 14 mL 的稀释液（用于配制药物粉末的 0.9% 无菌生理盐水）。结果她用了过多的稀释液配制药物，从而导致错误的药物浓度（即浓度过低）。参与者评论说："我几乎看不清注射器上的灰色刻度线，如果颜色更深一些就好了。这些刻度线应为黑色的，或者至少是深灰色，而不是浅灰色。我们会因为玻璃管反光而更看不清刻度。”

潜在伤害

- 药物浓度低而导致药物剂量不足。

根本原因

1. 刻度线与玻璃之间的对比度较低

灰色刻度线与玻璃注射器的储液室之间的对比不明显。具体而言，刻度线和背景表面的对比度约为2 ∶ 1，而能够保证良好易读性的对比度范围为5 ∶ 1 ～ 7 ∶ 1（图12.71）[①]。

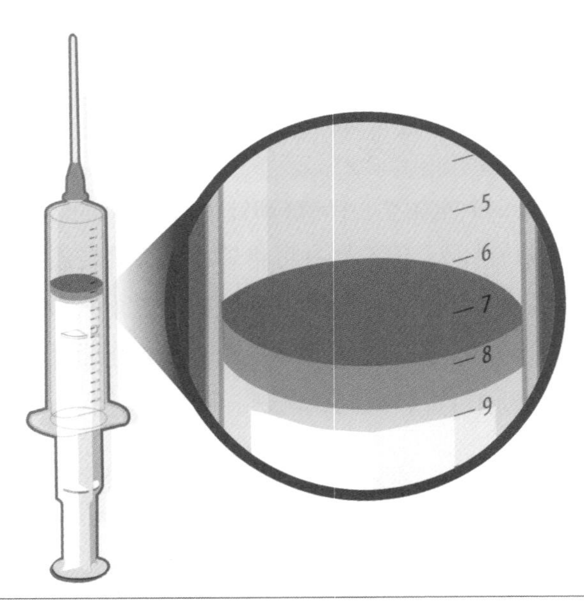

图12.71 由于刻度线与注射器储液室之间的低对比度，灰色的刻度线很难被识别

① 根据万维网联盟的《网页内容无障碍指南2.0》，至少5 ∶ 1～7 ∶ 1的对比度将确保文本的良好易读性。

2. 小字号数字标签

注射器刻度用4号字号数字标示。当在距离12 in(30.48 cm)的地方观察时,这种大小的数字对应的视角为15′,小于达到勉强可接受的易读性所需的最小推荐视角16′[①]。因此,数字的字号太小造成了读数错误(图12.72)。

图12.72 刻度数字由于字号小而不易辨认

建议控制措施

- 增加标记和标签的大小和对比度

在注射器针筒上印刷更高对比度、更深颜色的文字[②]标记和相关标签。同时,可以将它们放大一些,以便进一步提高它们的易读性(图12.73)。

---

① ANSI/AAMI HE75:2009/(R) 2013, 6.2.2.5节"视角"。该标准表明,最小可接受的视角是16′。

② ANSI/AAMI HE75:2009/(R) 2013, 10.4.4.2节"对比度"。该标准规定,深色文字配浅色背景有助于最大限度地提高可读性和易读性。

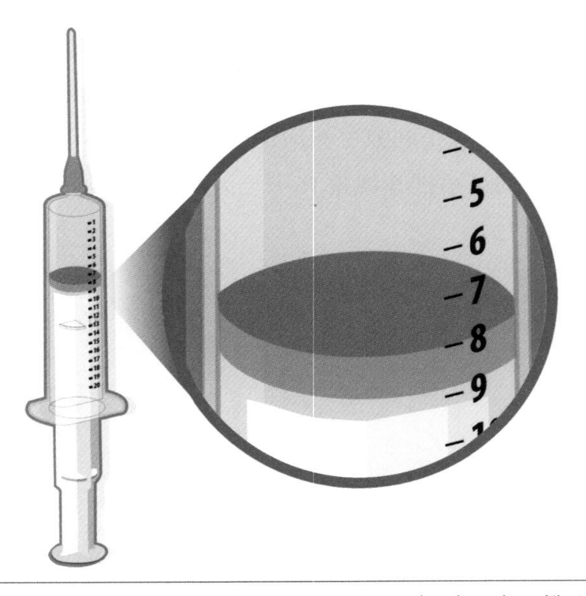

图 12.73 改进后的注射器上的刻度标记加粗、字号更大，也更容易辨认

高频手术发生器及手术电极

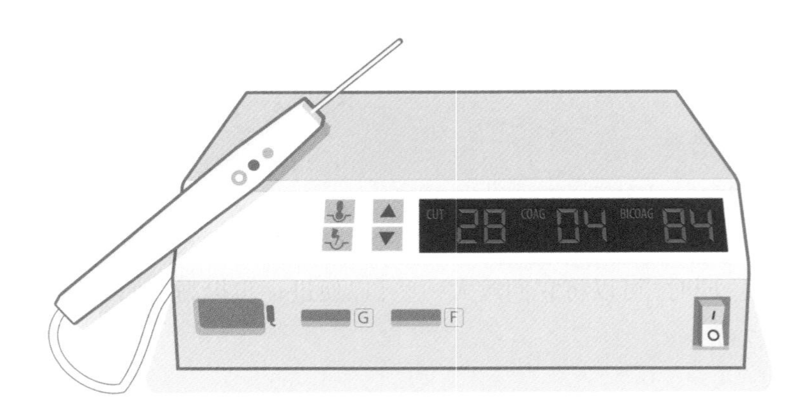

图 12.74 高频手术发生器及手术电极

在手术过程中，高频手术发生器和相关的控制器（如手术电极、脚踏板）常用来切割和凝固组织（图12.74）。一个高频电刀系统通常包括一个基本单元，该单元通过正常交流电流产生电能量，并以选定的功率水平作用于组织。不同的手术电极提供不同形式的能量（如单极和双极），以产生不同的效果。可以通过按下手术电极上的按钮或踩住脚踏板来控制能量传递。手术电极的主要使用者是外科医生，但护士也会准备包装好的手术电极，以便在手术时使用。

使用错误

- 手术区域人员受伤

巡回护士拿到了包装完好的高频电刀的手术电极，以便在术中使用。当试图打开手术电极的包装时，护士越来越用力地拉扯包装的易撕口，直到包装袋突然大开。这种情况下打开包装袋，导致手术电极飞向空中，落在手术区，几乎伤到患者。

在测试后的访谈中，护士说："因为它打不开，我就越来越用力地拉。然后，我还没来得及松手，整个包装就被撕开了，手术电极也飞了出去。"

潜在伤害

- 感染。
- 轻微组织损伤。

根本原因

- 易撕口受力情况

易撕口需要一个相对较大的力量［约8 lb（36 N）］，从而使薄膜从底部吸塑盒剥离。一旦薄膜撕开，仅需要极少的力量继续剥离。阻力突然急剧下降致使护士不能稳固地抓握包装，导致手术电极从包装中飞出（图12.75）。

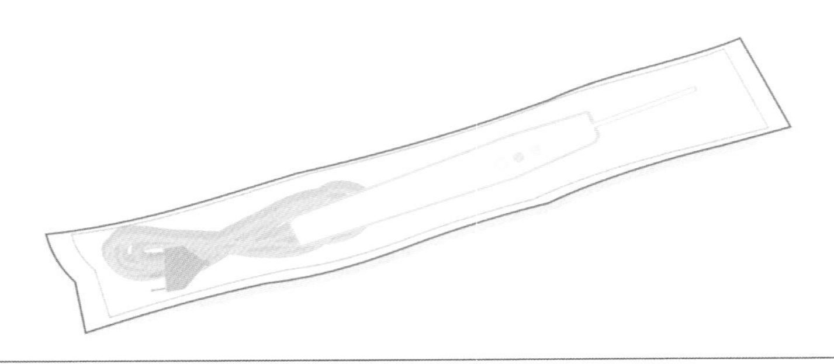

图 12.75　用户必须用力将包装撕开

建议控制措施

- 改进易撕口的受力情况

改进易撕口的胶水特性，使包装袋在施加适当、稳定的力时能够被拉开。

大容量输液泵

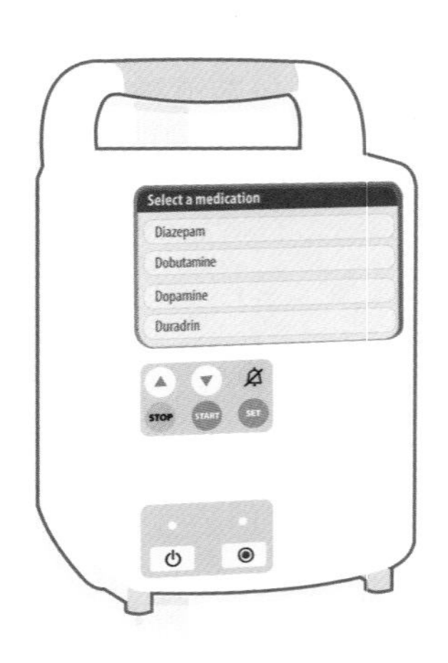

图 12.76　大容量输液泵

大容量输液泵通过静脉通路（即经皮肤将针头或导管插至静脉）将液体输送给患者（图 12.76）。最常见的用户是接受过该泵实际操作培训的护士。麻醉师和救护人员也可能使用这个设备，但他们可能没有接受过使用培训。常见的用户任务包括连接输液袋管道并穿过泵以控制流速、设置泵以根据处方提供治疗、启动泵、间歇性监测输液、响应警报并在治疗结束时断开与患者的连接。

使用错误

- 从药物库中选择了错误的药物

一名测试参与者从药物库中的药物列表中选择了多巴酚丁胺，而不是多巴胺。参与者评论道："我认为我选择了多巴胺，然后在完成设置时没有再关注药物名称。我以为我检查过，但我看到'多巴酚丁胺'时，不知怎么就读成了'多巴胺'。"

潜在伤害

- ✦ 无效的治疗。
- ✦ 用错药物的副作用。

根本原因

- 药物名称类似

药物名称多巴胺（Dopamine）和多巴酚丁胺（Dobutamine）英文读音和显示上很相似。这两种药物的名称都以"Do"开头，以"mine"结尾，长度相同，这增加了选择错误的概率（图12.77）。

建议控制措施

- 使用混合大小写（TALLman）字母

既然认识到药物名称本身不能更改，那就使用TALLman标记方法[①]，使药物名称显示为"DOBUTamine"和"DOPamine"（图12.78）。

---

① TALLman标签方法要求按照序列将关键字母大写，以帮助区分相似的药物名称。美国食品和药物管理局与ISMP列出了相似的药物名称和推荐的TALLman字母。

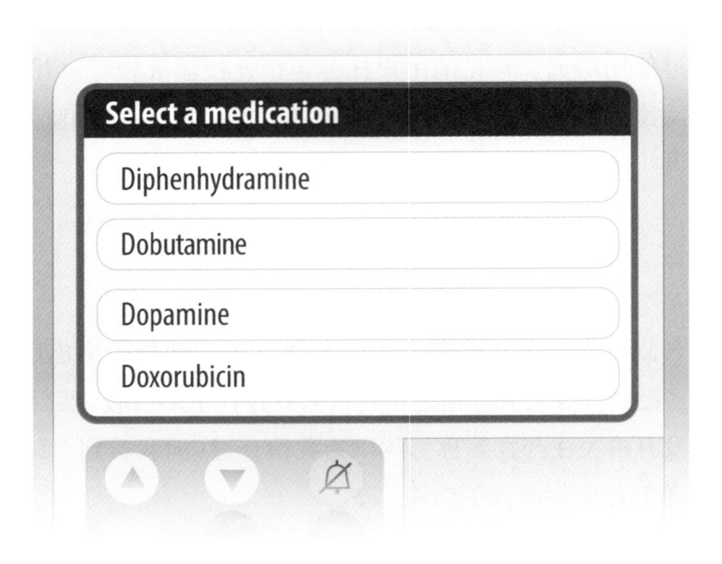

图 12.77 两种药物名称有些相似

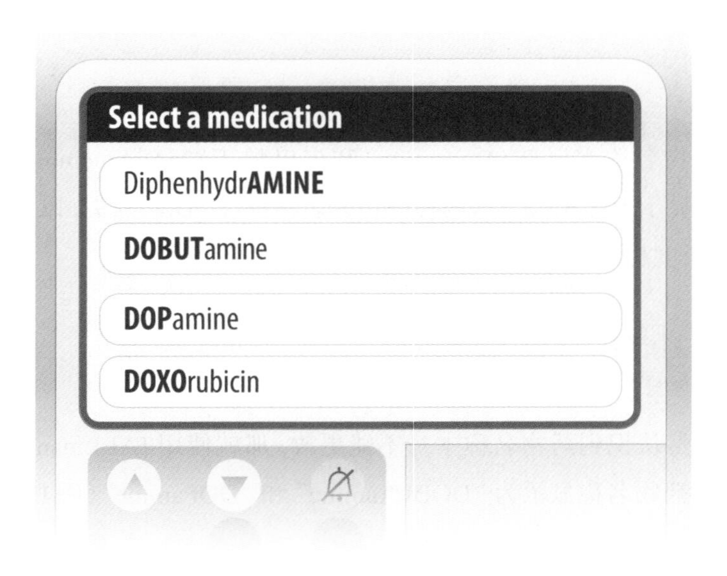

图 12.78 使用 TALLman 字母表示药物名称，以引起对名称之间的差异的注意

医用病床

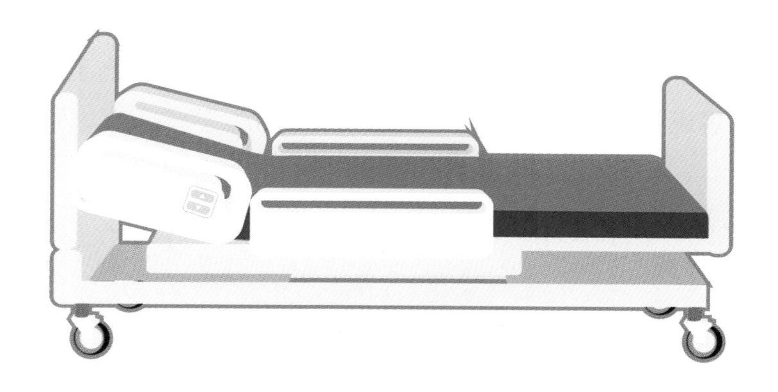

图 12.79 医用病床

高级医用病床不仅仅是用来睡觉的(图12.79)。它有着广泛的用途,包括将患者维持在特定的位置(如将床头角度调至30° ～ 45°以帮助预防肺炎)、进行叩击治疗使肺部分泌物松解、为在住院期间有体重大幅下降风险的患者测量体重,以及提醒病房工作人员患者是否苏醒并试图离开病床。病床还能让患者控制床垫形状,房间内收音机、电视机和房间照明。一些病床的功能只有医护人员才能使用,因为控制面板朝外,背向患者,患者无法正常接触到。患者可能会因病情严重而受到精神和身体上的限制。有时,患者的探视者也可能操作病床来帮助患者,或者可能因为他们对病床的工作原理感到好奇。

使用错误

- 没有把床头抬高到30°

在一项总结性病床可用性测试中,要求参与者将病床置于“呼吸插管患者”治疗模式,并为使用呼吸机的患者调整病床角度。三名参与者没有为这类患者将床头角度调整到所需的30°；相反，他们把床头放平了（水平的）或接近水平的位置。

一名参与者说："我忘记了最后一步。我可以设置一个提醒，但或许可以用提示音告诉我需要抬起床头。"另一名参与者评论道："我以为我抬起了床头，但没有抬起足够高，我以为已经抬起很高了。"第三名参与者说："在我们病区，这不是我们需要做的。"

潜在伤害

- 肺炎。

根本原因

1. 角度指示不显眼

病床角度指示器较小，并且它是米色的，与棕褐色的床头栏杆混在一起，因此相对不显眼。所以，一些用户可能会忽略它。角度指示器并不能作为一个有效的视觉提示，提醒为使用呼吸机的患者将床头调整到规定的角度（图12.80）。

2. 缺乏主动警报

在"呼吸插管患者"治疗模式下，如果床头放置角度小于30°时，病床并不会主动提醒使用者。换句话说，它没有额外的、明显的刺激来吸引用户的注意力，比如闪烁的灯光或蜂鸣声。

建议控制措施

1. 放大并在视觉上区分病床角度指示器

使角度指示器更加显眼，从而更有可能提醒用户将床头置于正确的角度，放大指示器，并使用不同的颜色将其与棕褐色的床头栏杆在视觉上区分开来（图12.81）。

2. 添加声音警报

当床头没有放置在30°或更大的角度时，应发出警报。这种警报只有在病床处于特定治疗模式，如“呼吸插管患者”治疗模式时才会被激活。

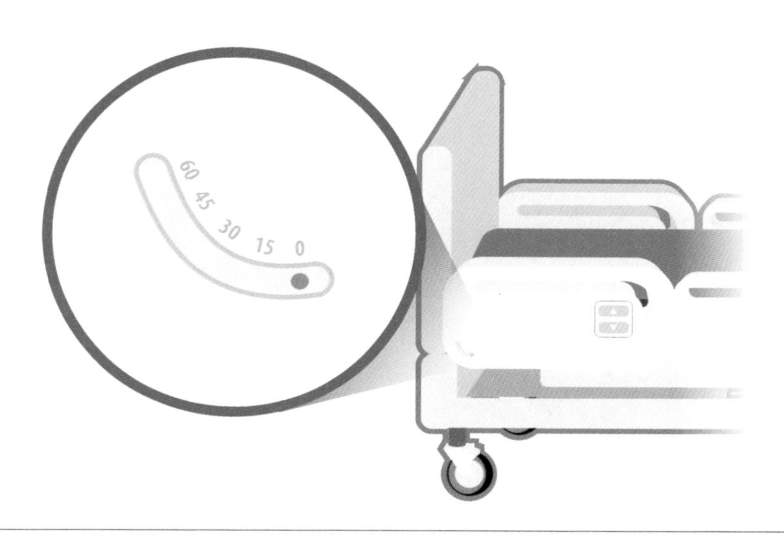

图 12.80 病床角度指示器容易被忽略，因为它较不明显

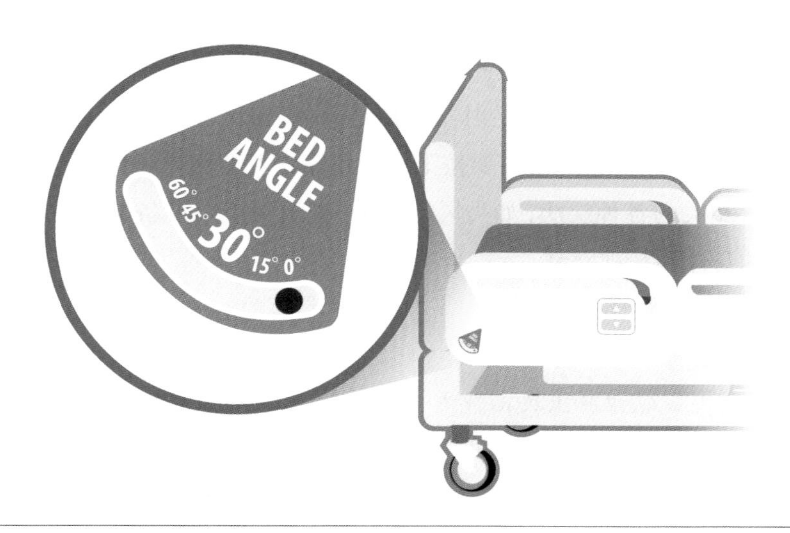

图 12.81 改进后的指示器较大，颜色鲜艳

笔式注射器(注射笔)

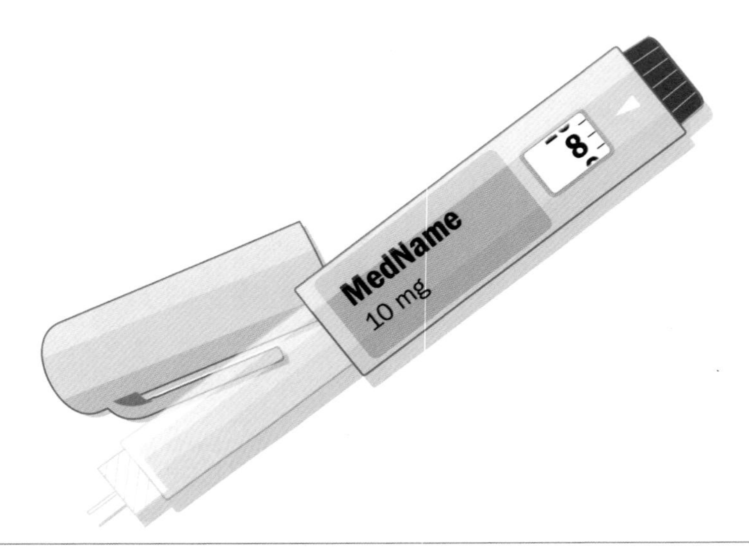

图 12.82 笔式注射器(注射笔)

笔式注射器是一种给药装置,用于注射选定剂量的特定药物(图12.82)。虽然一些笔式注射器会被临床医生使用,但大多数都是给受过一定培训的普通人使用的。在使用调节装置(如旋转式刻度盘)设定剂量后,使用者将笔式注射器压在身体部位(如腹部、臀部)上,并启动注射,这通常意味着需要按下一个按钮。普通用户可能有与需注射治疗相关的各种疾病,如类风湿关节炎,这可能对设备操作造成一系列的身体和精神限制。

使用错误

- 过早地从皮肤上拔出针头

三名参与者在规定的10 s保持时间之前从注射部位拔出针头。一名参与者在听到“咔嗒”一声后立即收回针头,并评论道:“你听到了‘咔嗒’声,意味着注射结束了,所以你要尽快把针头拔出来。”

另外两名参与者将针头留在注射部位大约2 s。其中一名参与者说："我不记得说明书上说要在按下按钮后再停留一段时间。"另一名参与者说："我看了说明，要保持10 s，但我觉得这是浪费时间。多年来我一直在使用类似的笔式注射器，从来没有因为没作停留而遇到过问题。所以，我不了解这有什么意义。我不会在家里这样做，所以我也不会在这里这样做。"

潜在伤害

✦ 剂量不足。

根本原因

1. 误导的听觉反馈

当药物完全从针中喷出，但尚未被皮肤吸收时，注射笔就发出一种清晰而短暂的"咔嗒"声。这种声音是内部机械结构活动产生的，但似乎导致一名参与者在听到"咔嗒"声后几乎立即将针头从注射点拔出，并错误地断定注射已经完成，即使10 s还没有过去（图12.83）。

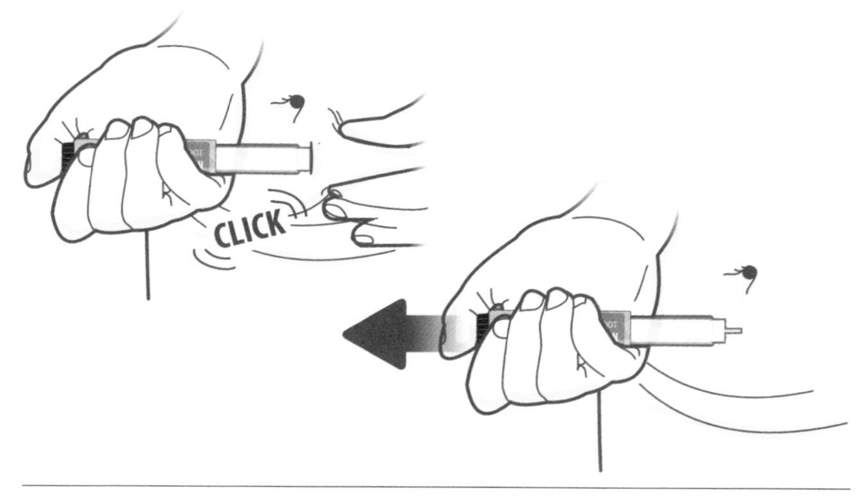

图12.83 一名参与者在听到"咔嗒"声后立即从皮肤上拔出笔式注射器

2. 单一模式指示说明

注射笔的说明书指示使用者在注射剂量完全释放后，将注射笔的针头在注射部位保留10 s，使药物完好地注入注射部位，而不会溢出（导致剂量不足）。然而，说明书仅显示文字信息，而不是用图像来加强文字理解。缺乏图形强化可能导致测试参与者没有意识到需要在“咔嗒”声后停留10 s（图12.84）。

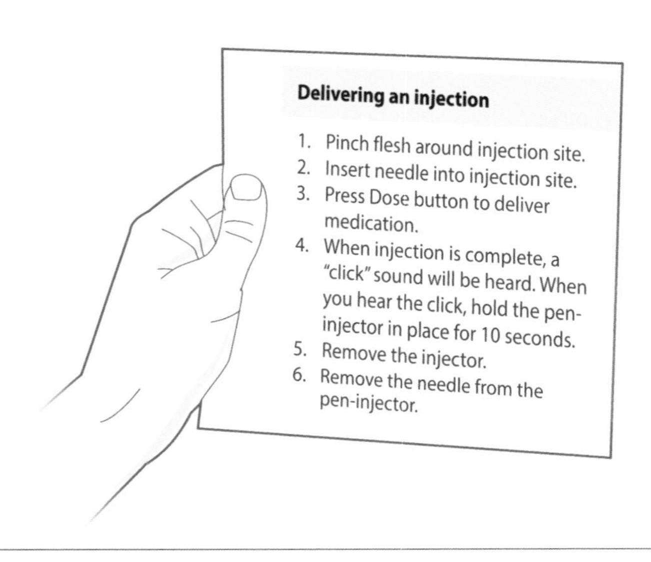

图12.84 使用说明书中只包含文字说明

3. 无后果说明

使用说明书并没有解释将针头停留在皮肤上少于10 s的后果。因此，一名参与者选择不遵守这一指示，因为她不知道，为了确保全部剂量给药，需要将针头固定10 s。

建议控制措施

1. 提供声音的反馈

重新设计笔式注射器，在笔式注射器从注射位置移除的时候，发出“给药结束”的声音。还可以通过如滴答声的信号指示进展以增强反馈。

2. 添加图形指令

在使用说明书中添加一个图形，指示在“咔嗒”声之后针头应该在注射位置停留10 s，以促使用户保持笔式注射器在注射处足够长的时间，从而正确地注入注射液（图12.85）。

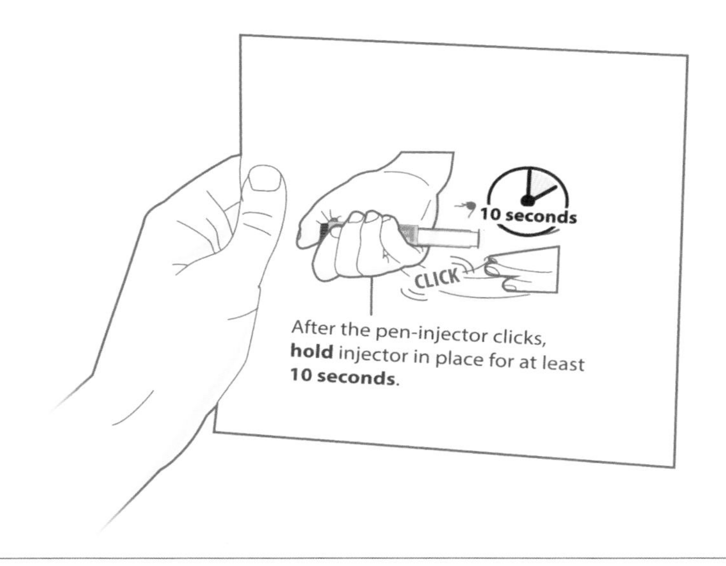

图12.85 新的使用说明书用图像说明针头应该在注射位置停留10 s

血气分析仪

血气分析仪从注射器中抽取血液，测量pH值以及氧气与二氧化碳的分压（图12.86）。在医院里，患者床旁使用的设备可能由接受过实操培训的护士操作。血气分析仪也可以在中心实验室中使用，由训练有素的生物技术专家操作。一般来说，这些设备都放在工作台上。维护可能包括校准传感器和检查或补充/替换试剂——血液测试所需的化学品。单个样本测试要求用户标记和选取样本、选择所需的测试（如果有选项）、处理测试副产品（如果有必要），并审核和处理测试结果。

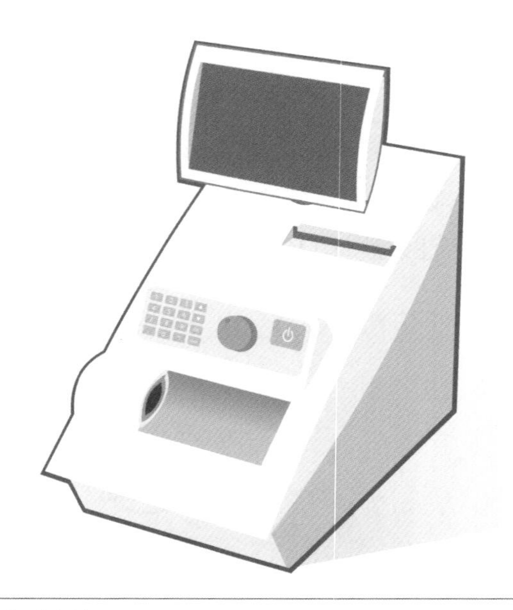

图 12.86 血气分析仪

使用错误

- 关闭设备电源

在回应一个模拟页面后(即预设分散注意力的页面),参与者回到分析仪前面时,发现屏幕已经关闭。参与者通过按下电源键,而不是触摸屏幕,试图将分析仪从“睡眠”模式“唤醒”。结果,参与者关掉了分析仪。分析仪电源切断后,血液化验中止,导致化验失败。

参与者报告如下:“我以为设备上的任何一个按钮都会唤醒它。我试了很多控制面板上的硬件按钮,然后觉得我应该试着按下电源键。我认为按下电源键应该会唤醒而不是关掉它,我的电脑就是这样工作的。通过触摸一个息屏的屏幕来唤醒设备的设置有些别扭。”

潜在伤害

✦ 延误诊断。

根本原因

1. 隐藏功能

配备触摸屏的分析仪在节电、“睡眠”模式下没有关于如何激活屏幕的提示。由于没有意识到必须触摸屏幕才能退出“睡眠”模式，参与者错误地认为需要按下某个按钮来唤醒设备。

2. 负迁移

对于其他设备，如笔记本电脑，用户可以通过按下电源键将设备从“睡眠”模式中唤醒。因此，参与者错误地认为血气分析仪的唤醒方式与笔记本电脑类似。

建议控制措施

- 更改按下按钮的响应

设备处于“睡眠”模式下，用户短暂按下电源键，则重新激活屏幕（图12.87）。

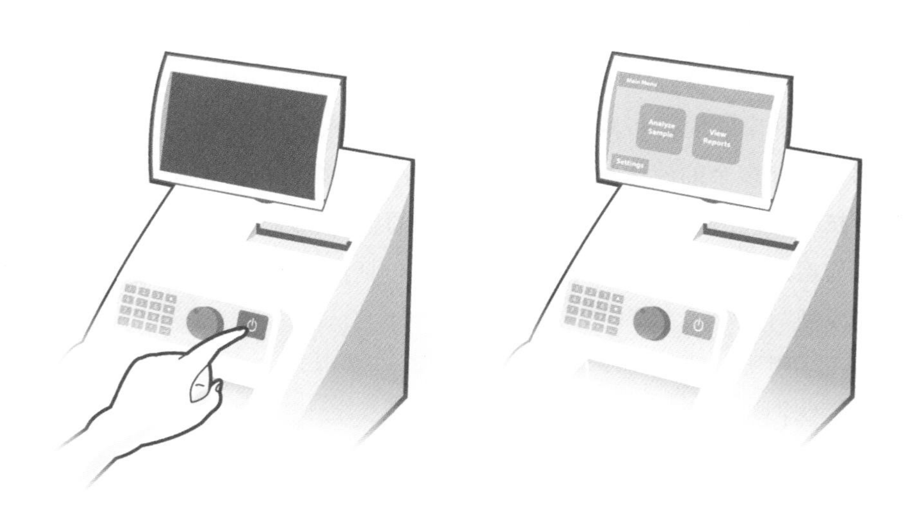

图12.87 改进后的设计允许用户可以通过短暂按下电源键来重新激活设备

透析液袋

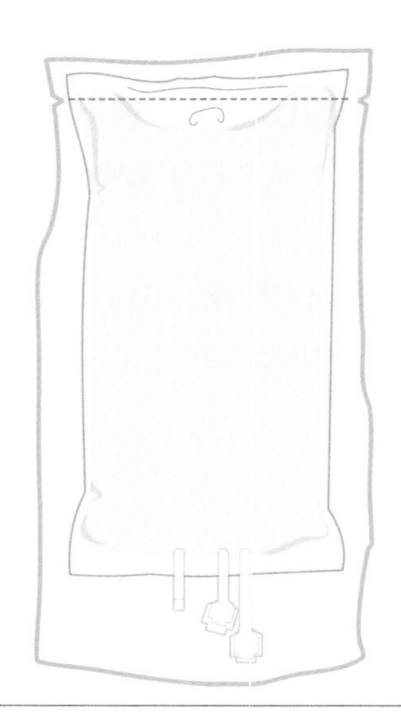

图 12.88 透析液袋

腹膜透析是终末期肾病(end-stage renal disease, ESRD)的一种治疗方法(图 12.88)。腹膜透析机通过导尿管将透析液引入腹腔，透析液将血液中的废物和多余的液体透过腹膜吸入腹腔。随后，透析液连同废物和多余的液体被从腹腔排出。透析液袋可以由透析护士或透析技师处理，也可以由在家中自我治疗的患者处理。患者可能正在经历与疾病相关的各种生理和心理损伤，包括治疗前后一定程度的“精神模糊”。

使用错误

- 撕破透析液袋

其中一名参与者在打开外包装(即外层塑料包装)时撕破了透析液袋。当参与者抓住外包装的撕拉条时，她无意中也抓住了透析液袋。因此，当她撕开外包装时，她也撕开了透析液袋，从而将液体直接

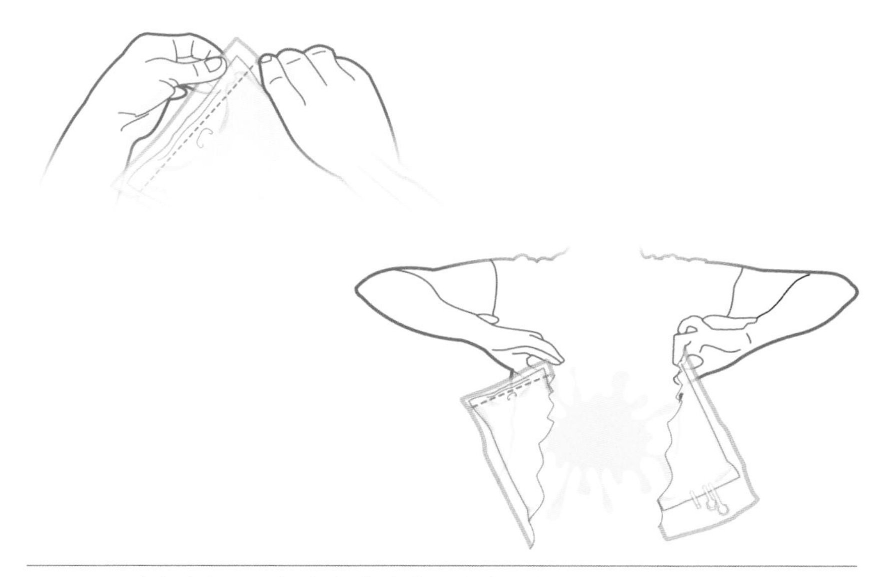

图 12.89 参与者撕开透析液袋，将液体洒在自己身上

洒在自己身上（图 12.89）。

参与者说："当我撕开外面的包装袋时，我并没有意识到我也撕到透析液袋了。很出乎意料，这个袋子不够结实，我没想到能这么容易地把它撕开。"

潜在伤害

- 用户不适。
- 透析液浪费。

根本原因

1. 包装材料脆弱

透析液袋的材质相对单薄，导致袋子较易撕开。

2. 外包装撕开处不便抓握

使用者抓着外包装易撕线两侧时也同样抓住了包装内的透析液

袋。因此，当参与者撕开外包装时，她也撕开了透析液袋。

建议控制措施

1. 改进撕拉抓握点

重新设计外包装，使其包含一个或多个较大的抓握点，这样用户就可以抓住外包装，不会同时抓到外包装内的透析液袋。例如，考虑塑封外包装的边角，从而使用户能够抓住外包装的同时，不会抓住（并拉扯）透析液袋（图12.90）。

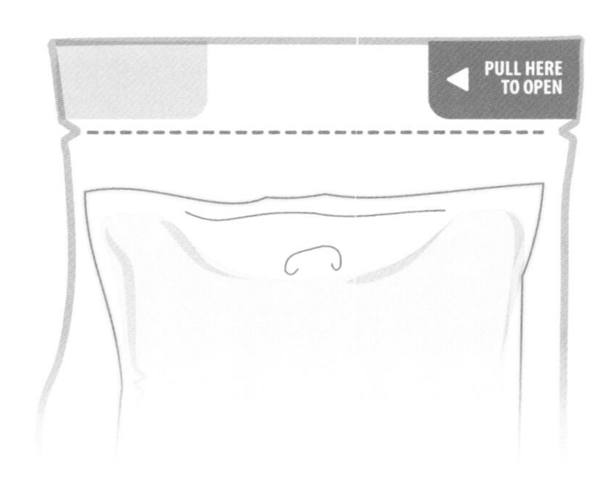

图12.90　重新设计的外包装有更大的抓握点

2. 增加袋子的牢固度

增加透析液袋的强度，使其不易被撕开。

超声波扫描仪

超声波扫描仪是一种用于观察体内结构的诊断成像工具（图12.91）。尽管小巧的手持设备正变得越来越常见，该设备的经典构造还是一个工作站，包含扫描过程所需的大型显示器、多个控件和多个探头。该设备的主要操作者是接受过详尽技术培训的超声波医师。有些国家的超声波医师必须有资格证书。常见的用户任务包括设置

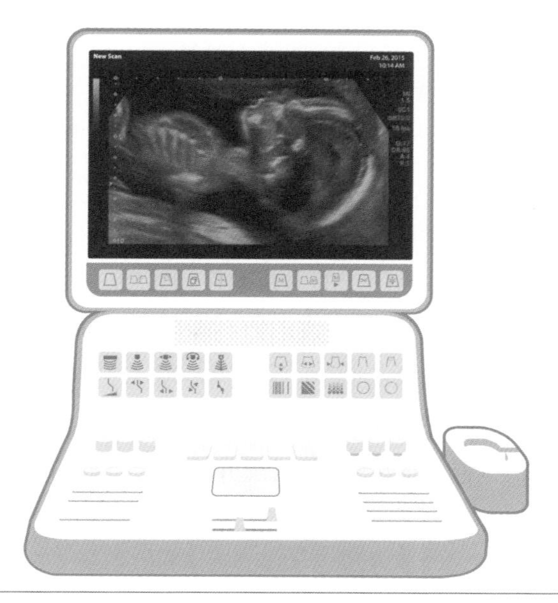

图 12.91 超声波扫描仪

设备来进行扫描，包括在屏幕上信息栏中输入患者信息、选择并将探头连接至主机，以及在扫描期间进行测量。

使用错误

- 组织追踪描记不准确

两名参与者用超声波扫描仪的触摸屏描记工具不准确地追踪到了一片组织（即疑似肿瘤）。一名参与者尝试了6次来创建一个准确的追踪描记（即外轮廓），另一名参与者尝试了5次。最后一次描记时，一名参与者没有描记出组织的下边缘，另一名参与者的描记远远超出了组织左侧边缘。

一名参与者说："描记线跟不上我的手指动作，这让人很恼火。我无法描记得与组织的边缘对齐。"另一名参与者评论道："触摸屏并不总是对我的触摸有反应。我一直试着移动追踪描记工具，有时什么都不会出现，而有时却能如我所愿地正常工作。"

潜在伤害

- ✦ 诊断错误。

根本原因

1. 追踪描记显示延迟

追踪描记线滞后于用户的手指动作约0.5 s。因此，参与者不能立即看到他们描记的结果，这导致他们不能准确地描记组织区域。

2. 触摸屏灵敏度不足

触摸屏对用户触摸的灵敏度相对较低。当这些参与者试图调整（如调整大小、移动）追踪描记时，触摸屏并不总是对他们的触摸做出反应。因此，他们无法足够精确地调整描记，来准确地追踪组织（图12.92）。

建议控制措施

1. 减少追踪描记延迟

尽量缩短描记时用户输入与显示响应之间的延迟时间。

2. 提供额外的指取设备

提供一个更精确的指取设备（如触控笔、轨迹球、鼠标）的选项，以代替手指描记。

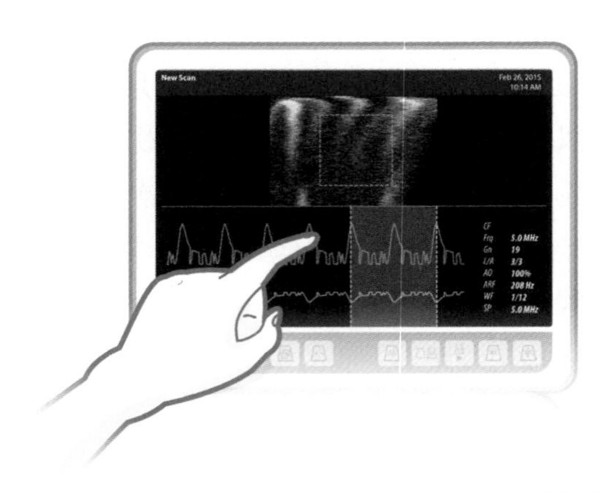

图12.92 参与者难以追踪组织，因为触摸屏并不总是对他们的触摸做出反应

13 防错用户界面设计指南

介绍

在第10章中，我们讨论了可能导致使用错误的用户界面设计缺陷。现在，为了推广不易出现使用错误的用户界面，我们提供以下简明指南。我们从现行的标准以及成千上万的可用性测试和已经发生的使用错误中吸取的经验教训中总结出了这份指南。相较于第10章，你可以说我们只是从相反的角度看待同样的问题，但我们认为这份指南可作为用户界面设计师的有效检查表。

我们的指导涵盖了医疗器械的用户交互三位一体元素，即感知(P)、认知(C)和操作(A)，这是监管机构所提倡的识别潜在使用错误的有效方法——“PCA”分析的重点(见第6章)。

值得注意的是，用户界面设计指南就可以单独写整本书，在此，我们仅提供有限但能有效预防使用错误的指导项目。我们观察到在可用性测试中出现的大部分使用错误是由有限的几种常见的用户界面设计缺陷引起的。

感知

文本易读性

人们很难理解设计不佳的文本。文本的易读性主要取决于字体、大小和与背景的对比度。

- 文本不应该被过度修饰，甚至应该不对其做任何修饰。无衬线字体（sans serif font）或有简单装饰的字体被认为是最佳字体。无衬线字体没有花哨的装饰，可以使字符流畅地排列在一起。并且文本在垂直或水平方向上不应被排列得过度分散或紧密，也不应该使用过粗或过细的修饰线。
- 文本应该使用足够大的字体，以便在某些情况下视力可能会下降的目标用户可以轻松地阅读。FDA的《医疗器械患者标签指南》建议使用不小于12号字符以考虑不同视力问题。同时，ANSI/AAMI HE75:2009/(R) 2013[①]推荐使用至少形成16′视角的文字，22′～24′更佳。你可以使用以下公式计算视角：

$$a = 3\,438 \times h/d$$

式中 d——用户眼睛与文本的距离；

h——字符的高度（大写字母的高度加降部的高度，如字母“g”的下半部分）[②]（图13.1）；

a——视角（以′为单位，60′等于1°，要换算成度数，需要乘以360）。

---

① ANSI/AAMI HE75:2009/(R) 2013, “Human Factors Engineering—Design of Medical Devices”.

② Arditi, A., and Cho, J. 2007. “Letter Case and Text Legibility in Normal and Low Vision.” Vision Research, 47(19): 2499–2505.

图13.1 字符高度包括大写字母高度和降部高度

例如：d =读书的标准视距①=16 in(40.64 cm)，x =24′的期望视角(0.066 6°)，24′= 3 438 × (h ÷ 16 in)，h =(24 × 16 in) ÷ 3 438 = 0.112 in(2.84 mm)= 8号字符。

注意：1号字符=1/72 in(0.35 mm)(图13.2)。

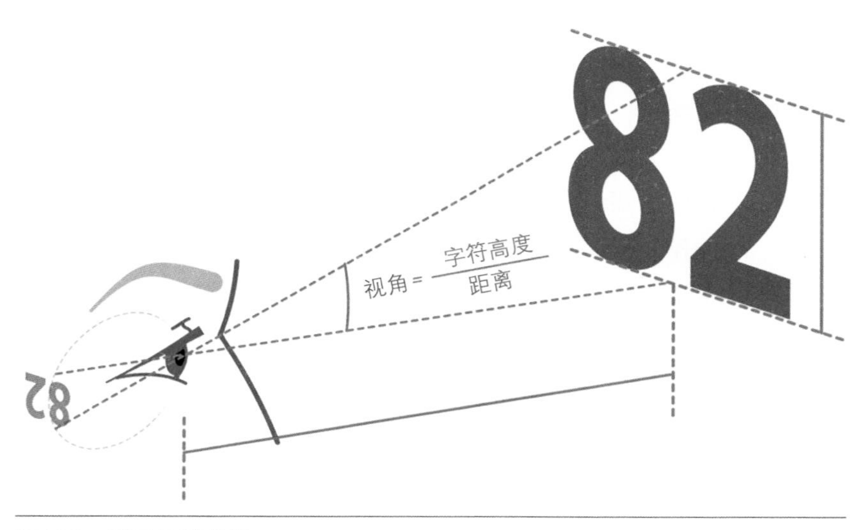

图13.2 视角计算参数

① Legge, G., and Bigelow, C. 2011. "Does Print Size Matter for Reading? A Review of Findings from Vision Science and Typography." Journal of Vision, 11(5): 8.

- 文本及其背景应形成鲜明的对比，以便读者区分字形。黑色或深色的字母与白色或浅色的背景对比鲜明，反向组合同样也能形成鲜明对比。中等色值的颜色（既不是浅色也不是深色）之间的对比度较差（图13.3）。

图 13.3　对比度较差的文本（左）和对比度较好的文本（右）

文本可读性

人们可能会跳过那些看起来费力的文本，排列奇怪的文本也让人反感。这些观察结果同样适用于纸质和电子文本，例如说明书和软件提示中的文本。

- 为程序步骤编号，以便将其与其他信息区分开，并帮助用户有序操作。
- 避免将关键的相关信息分割到两页纸上。例如，避免拆分一系列需快速执行的步骤，或操作步骤及相关的警告。
- 用空格分隔与功能相关的信息组，从而强调分组并控制整体的信息密度。
- 采用一致的排版规则，使相似的信息外观类似，并可以在页面或屏幕上的相同位置找到。

文本显著性

人们可能会忽略位置和格式设计不当的文本。能否吸引人们的注意力取决于能否让关键信息从各种信息中脱颖而出。

- 为了防止重要的文本被忽略，文本字号应该足够大，以便人们快速、准确地阅读，并且可以突出显示（如粗体、彩色）。
- 当文本周围有很多空白时（文档编辑和排版人员称之为“填充”和“装订沟”），文字可能会更加突出。
- 需要注意的是，文本应该放置在视线范围内，而不被置于医疗器械的非直视区域（如后面板）。

警报检测

- 发声设备（如压电发射器、扬声器）应能够产生比使用环境中的环境噪声高出一定范围（如10 dB）的声音。
- 音调不应超过特定的频率（如2 000 Hz），因为有高频听力损失的人（如与年龄有关的老年性耳聋[①]）可能听不到这些声音（图13.4）。
- 声景设计师应使用特定的音调来传达重要信息（如中、高优先级的警报），因为人们并不擅长记住警报音与其含义之间的关联[②]。

按键反馈

- 人们喜欢按键（屏幕上的触键除外）按下时，移动行程产生的感觉和感官反馈，例如发出声音和/或提供物理触感反馈的“咔嗒”声以清晰表述按键被成功按下。这种反馈可防止用户因为不确定第一次按键是否有效而重复按两次按键。它还

---

① 正如ANSI/AAMI HE75:2009/(R) 2013所述，老年性耳聋的典型特征是对于超过2 000 Hz声音的听力下降，常见于50岁出头和更年长的男性。

② ANSI/AAMI HE75:2009/(R) 2013, Alarm Design, 15.4.8.1 “Inherently Meaningful versus Abstract Auditory Alarm Signals”.

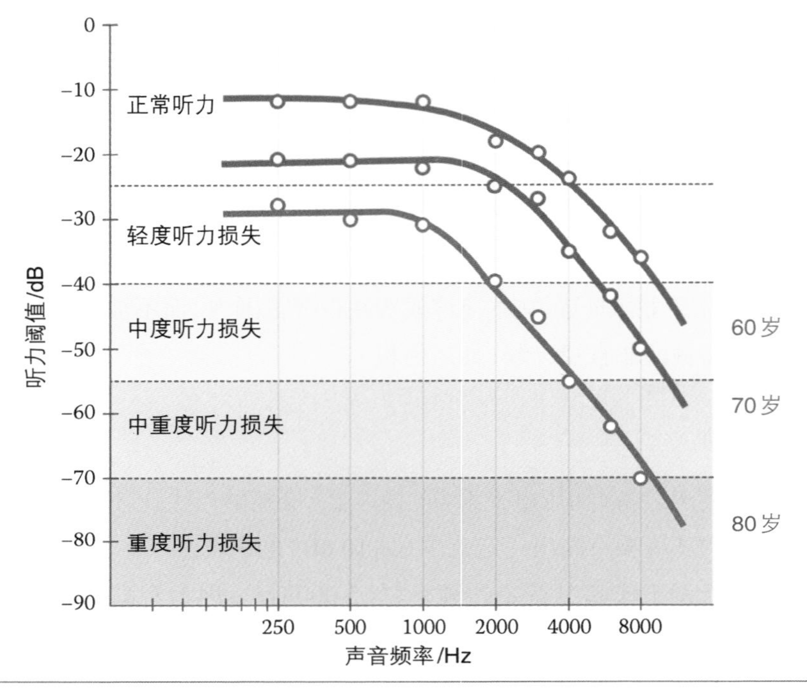

图13.4　听力正常和不同程度听力损失人群的平均听阈图

防止用户误以为按下了按键，但实际没有的情况。

✦ 为了弥补触觉反馈不足，触摸屏上的目标（也称为按钮）在被触摸时应该有视觉反馈，在某些情况下，松开时也应该有视觉反馈。为了让用户避免由于误触而导致输入错误，当用户将手指从按钮上拿开时，也应产生反馈。这使用户有机会通过将手指滑离目标来取消选择不正确的目标。用户也喜欢虚拟按钮产生的声音反馈，比如电子的“咔嗒”声。

医疗部件的可见性

✦ 在光线较暗的情况下使用医疗器械，可能需要照明部件，例如：① 在微创手术过程中，手术室的灯光会被调暗或关闭；② 用户在光线较暗的餐厅中使用血糖仪。照明解决方案包

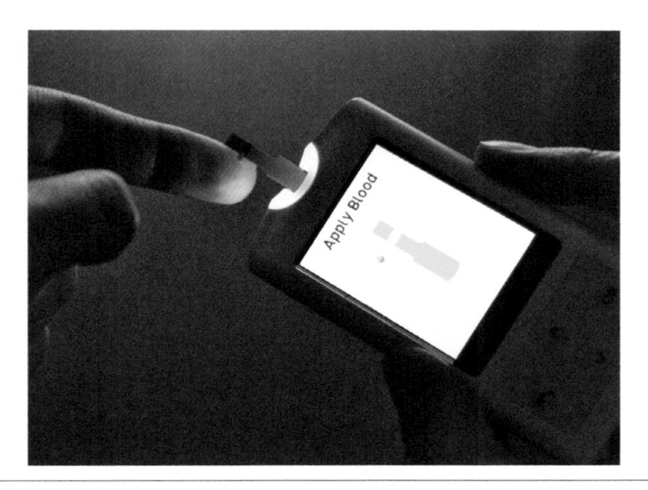

图 13.5 一种能照亮试纸条和用户指尖的血糖仪，以方便用户在昏暗的光线条件下正确采集血滴

括对特定组件（如血糖仪上的试纸端口）进行聚光照明，或对键盘进行背光照明（图 13.5）。

认知

心算能力

✦ 设备应该限制或避免让用户心算或使用计算器来得出一个数值。例如，可以设计一个根据流速和输液时间自动计算总剂量的输液装置。一些设备甚至包含了内置虚拟计算器供正常使用。

单位转换

✦ 人们在进行计量单位转换时容易出错。因此，设备应尽量使用用户习惯的计量单位来显示数据，或者让用户可以选择使用软件进行单位转换。这个方法可以预防使用错误，例如将新生儿的体重错误地从“lb”转换为“kg”（图 13.6）。

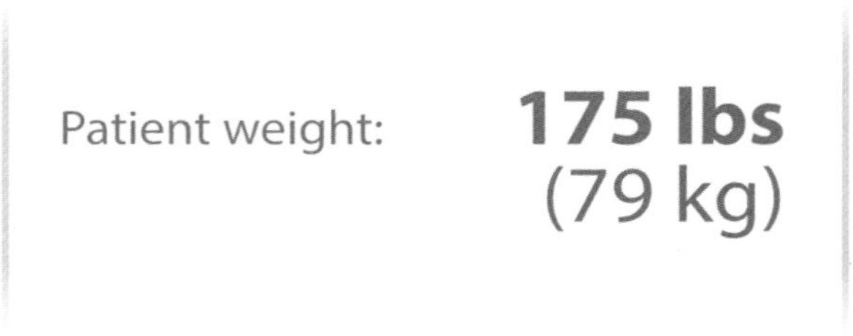

Patient weight:　175 lbs
(79 kg)

图 13.6　所显示的参数单位为“lb”和“kg”

回忆信息

- 医疗器械应该限制对用户回忆信息的依赖程度，比如一系列冗长的操作步骤、产品代码和标准值。相反，应该提供辅助工具，例如快速参考指南、选项列表和默认值。这些辅助工具有助于确保用户执行了必要步骤，从而安全、有效地使用设备，例如在将输液管路连接到患者的静脉通路之前进行排气。
- 可能的话，引导用户完成冗长的操作程序，并提醒他们注意错误的操作（如跳过一个步骤、输入不当的数值）。这有助于让所有类型的用户，特别是新用户，按照正确的操作流程进行操作。

操作

设备朝向

- 设备应该明确提示其正确方向，从而防止人们错误地手持该设备，或者可能错误地组装各种零部件。方向提示包括应该对齐类似颜色的元件、标记（如相对的箭头）、标签（如“此面朝上”），以及提示正确手持方式的内置手柄。这些提示可以帮助用户正确、快速地组装设备，例如带有多个组件的雾

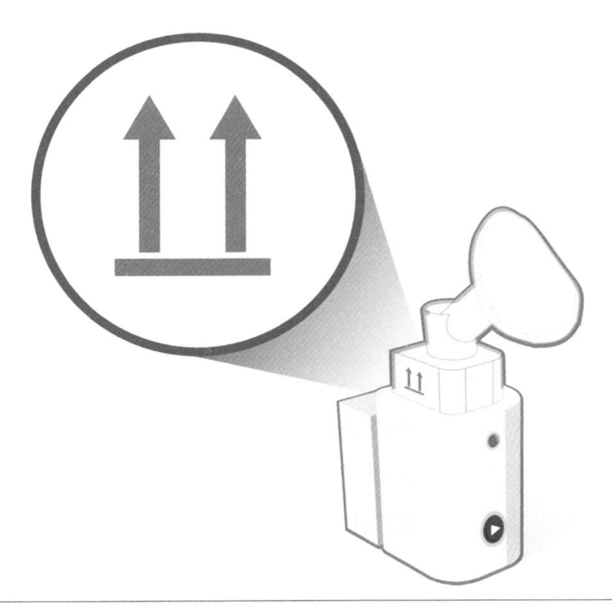

图 13.7 表示正确安装方向的符号（即“此面朝上”）

化器（图 13.7）。

✦ 消除那些具有误导性的外观特征。例如，笔式注射器的一端（看似为）可被按动的按钮，因为它看起来像圆珠笔上的按钮，但实际上是针头弹出的地方。

“撤销”控件

✦ 我们要意识到人是容易犯错的，并在出现重大后果之前需提供一个改正错误的机会。在软件应用程序中，“撤销”控件给用户纠正错误的机会，同时假定了错误操作是可逆的。

数据输入

✦ 为用户提供输入数据的正确格式示例（如“月 / 日 / 年”）。该示例可有效预防输入错误，如将出生日期中月份和日期的位置调换。

误触保护

- 被粗暴对待的设备可能特别容易因为疏忽而触发控制，比如肘部撞到控制面板上。这类事件可以通过物理保护（如一个透明的盖子）、设计凹陷控件或要求延时输入（如按住一个按钮一定时间）来防止。

说明书的内容和格式

- 人们经常忽略那些可能包含防止使用错误的重要内容的说明。为吸引他们的注意力，应将说明放在用户最有可能看到的地方，甚至可以让用户在使用相关设备之前先处理这些说明。例如，可以将设备包装在说明下面，从而让用户先“浏览”说明。
- 提供精心设计、编写的说明，让用户真正觉得该说明有用。否则，他们可能因为内容看起来的实际制作价值较低而显得不是特别重要或有用，从而跳过阅读。
- 用简单、翔实的图形补充简洁的文字。有效的图形能体现关键细节，剔除无关信息，只描述一个主要步骤，并使用明确的符号（如箭头）清楚地演示操作动作，并置于最佳位置，以免误解。具有这些属性的说明能让用户不必猜测正确的操作方法并正确地操作设备（图13.8）。

包装设计

- 清楚标示包装的内容物，强调其与同类产品之间的差异（如含有不同药物浓度的给药装置）。这种标签可以防止用户选择错误的产品，如错误的导管（如18Fr与22Fr的导管）。
- 清楚地标明如何正确地打开包装。这将有助于防止人们用破坏性的方式打开它（如撕裂封套的一端）。

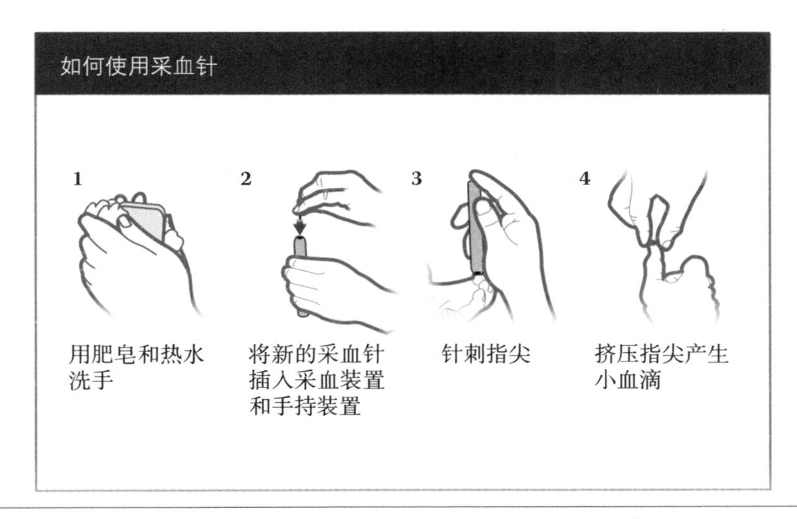

图 13.8 图形与简洁的文字相辅相成，构成了采血设备的使用说明

- 限制撕开包装所需的力。这将有助于防止用户因用力过猛而使包装突然被打开，从而造成拉伤并将包装内物品洒落。
- 确保将设备组件，尤其是小型组件，装入包装内以防止疏漏。

14 其他根本原因分析方法

介绍

根本原因分析是一个过程(又名方法或技术),人因工程专家可以通过多种方式进行分析。我们在第2章中介绍了首选的方法,但是还有许多其他同样有效的过程、工具和技术。

本章概述了在执行根本原因分析时,你可能考虑应用的其他10种方法——可能是对我们建议的方法的补充。其中一些工具是广泛的解决问题的方法(如“五个为什么”、矩阵图),而另一些工具则来自特定的部门,例如航空(如人因分析和分类系统)或医疗保健(如UPCARE模型)。这些方法可用于实现一致的共同目标:了解手头的问题并确定问题的根源。

在医疗器械领域工作的人因专家在进行根本原因分析时,是否确实使用了这些更正式的技术?我们相信只有少数的人在使用。也就是说,相当比例的分析师可能会采用一种与提问或图解方法类似的思维过程,从而系统地考虑使用错误的可能根源。值得赞扬的是,他们的分析专家或团队在实施这些方法时非常小心谨慎。

五个为什么

“五个为什么”[①]是一个根本原因分析方法，用来确定真正的或“最深层次”的根本原因。要应用这种方法，分析师应该在每次确定潜在的根本原因时问自己“为什么”。这种方法可以帮助分析师深入问题，并最终确定问题真正的（即最基本的）根本原因。当分析师不能再回答“为什么”时，或许很可能已经找到了真正的根本原因。下面，我们给出一个使用“五个为什么”方法的例子。

使用错误：急救人员没有提供一定剂量的纳洛酮来治疗阿片类药物过量的患者。

第一个为什么：当急救人员试图给药时，纳洛酮没有从注射器里出来。

第二个为什么：应急响应器没有正常工作的纳洛酮给药装置。

第三个为什么：急救人员没有正确安装纳洛酮给药装置。

第四个为什么：急救人员不知道如何将含有纳洛酮的西林瓶接到注射器上。

第五个为什么：使用说明没有包括所有必要的组装步骤。

这种使用错误的根本原因是，说明书没有足够详细地解释组装步骤，以指导用户（如本例中的应急响应程序）完成组装过程。因此，急救人员没有正确地安装设备，他不能给患者提供纳洛酮的基本剂量。

应用这种方法——反复询问“为什么”——是许多经常进行根本原因分析的经验丰富的人因专家的习惯。

---

① Andersen, B. and Fagerhaug, T. 2006. Root Cause Analysis: Simplified Tools and Techniques (2nd ed.). Milwaukee, WI: ASQ Quality Press.

石川图

一个问题可能由多种根本原因引起。在这种情况下，单独的一个根本原因可能不会触发事件。换句话说，除非所有的根本原因都是并行的、串联的，或者两者兼而有之的，否则问题可能不会最终发生。其他非医疗行业的分析人员使用石川图（也称为鱼骨图）来梳理根本原因和问题（即影响）之间的关系（图14.1）。图14.2描述了卫生保健环境中失败的根本原因类别。下面，我们提供了严格使用相关的故障潜在类别，这些故障可以显示在一幅石川图中。

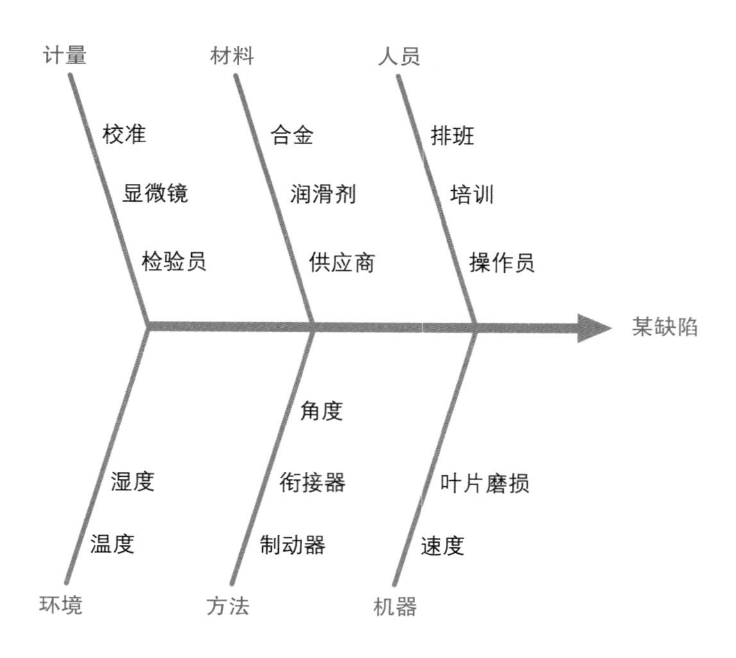

图14.1 石川图示例

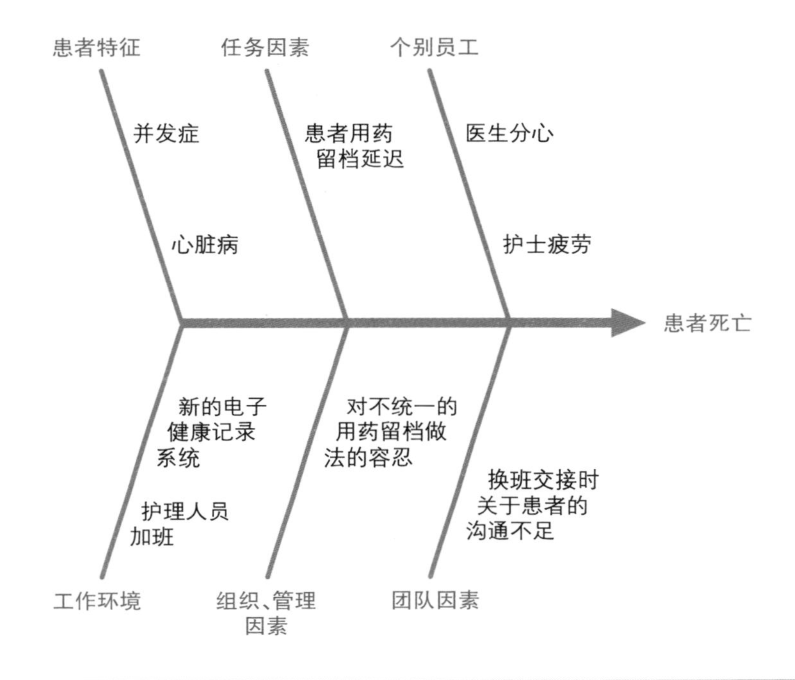

图 14.2 来自卫生保健部门的石川图示例

- 硬件用户界面特征(如人体工学、触觉反馈、排列、标签易读性)。
- 软件用户界面功能(如内容、可读性、层级提示)。
- 学习工具特性(如格式、内容可用性)。
- 使用环境(如设备、人员、气候、灯光、噪声、建筑等)。
- 用户特征(如年龄、大小、力量、教育程度、职业、知识、技能缺陷)。
- 培训(如数量、形式、时间、内容)。

AcciMap模型

AcciMap模型阐明了导致事故的因素之间的相互关系;许多因素是这种模型的决定性特征。该技术已被用来梳理这些导致“挑战者”

号航天飞机爆炸的因素(即根本原因)。我们在图14.3中给出了一个示例。

AcciMap分析方法特别有效地展示了可能导致重大失败(如航天飞机的损坏)的一系列根本原因,以及工作场所的文化和社会对系统的影响等基础广泛且似乎不相关的根本原因。

制作这样的图形来描述医疗器械的错误可能是矫枉过正,注意到一个使用错误不一定构成一个全面的事故,它可能揭示出导致某些类型的使用错误和造成伤害的因素。例如,可能有许多级联因素导致实际的给药错误,包括以下几点:

- ✦ 关于临床医生培训使用指定设备的模糊的医院政策。
- ✦ 在职人士接受在职训练的机会有限。
- ✦ 超宽剂量限制规范使临床医生有最大的剂量灵活性。
- ✦ 使用环境噪声大。
- ✦ 警报音量设置过低,以避免打扰在特定护理单位的患者。
- ✦ 允许用户设置高优先级警报音量为低的用户界面设计。
- ✦ 制造商缺乏对预生产设备的验证可用性测试。
- ✦ 制造商普遍不重视在开发过程中应用人因工程。

卫生保健研究和质量机构(The Agency for Healthcare Research and Quality, AHRQ)认识到,使用错误可能是由用户界面缺陷之外的根本原因造成的。在图14.4中,AHRQ提供了导致代理术语“潜在错误”的因素示例。该机构表明,一旦发现使用错误,“多学科团队应该带着识别的事件如何发生(通过识别主动错误)和事件为什么发生(通过系统识别和分析潜在错误)的目的,分析导致使用错误的一系列事件”。

如你所见,AcciMap模型促进了最终使用错误的根本原因的系统级视图,问题是这个工具是否有助于对潜在的使用错误进行前瞻性分

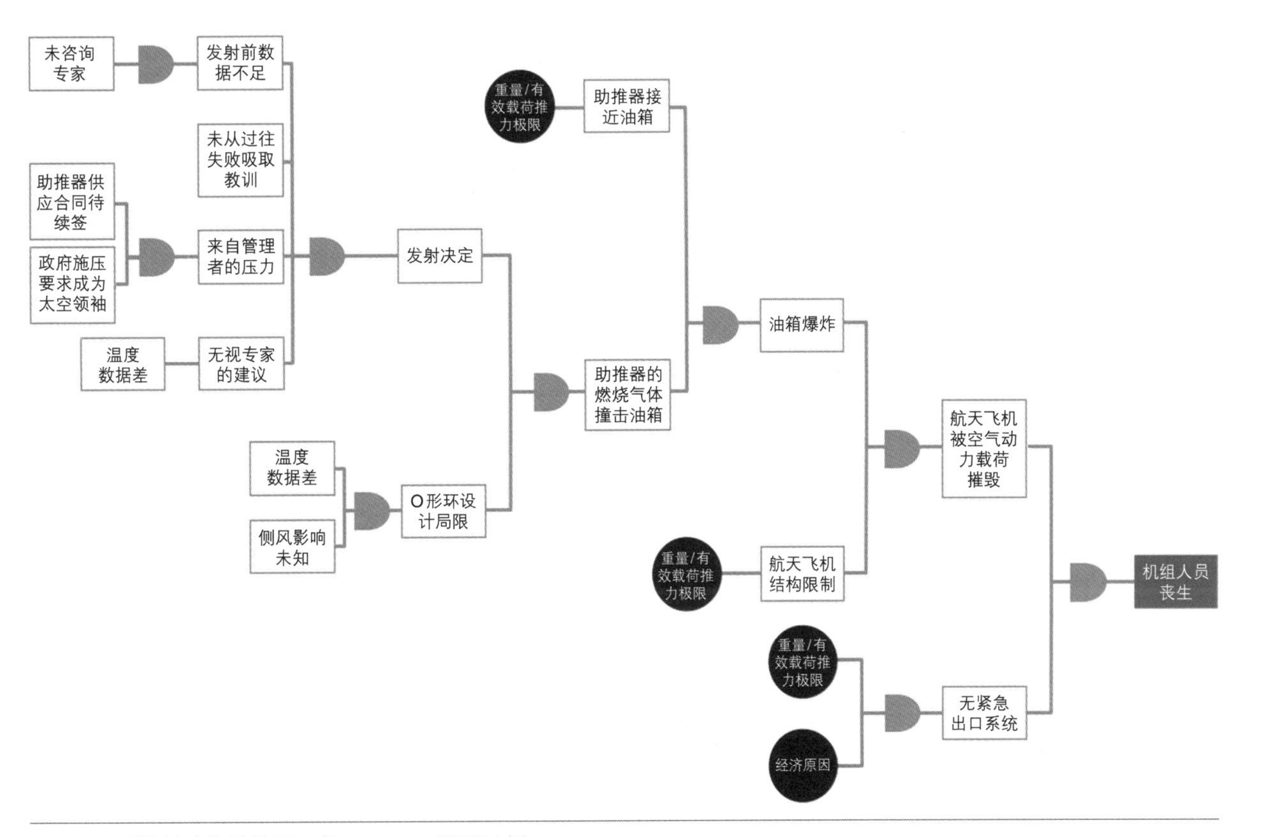

图 14.3 “挑战者”号航天飞机AcciMap模型示例

表　可能导致潜在错误的因素	
因素类型	示　例
机构/监管	一位正在服用抗凝剂的患者在接受肺炎球菌肌内疫苗接种后，产生血肿并延长了住院时间。这给医院带来了提高肺炎球菌疫苗接种率的监管压力
组织/管理	一名护士发现了一个用药错误，但医生不鼓励她上报此事
工作环境	由于缺乏合适的设备进行宫腔镜检查，手术室工作人员临时使用其他设备。在手术过程中，患者发生了空气栓塞
团队环境	一名外科医生不顾护士和麻醉师告知抽吸导管尖端丢失的信息，完成了手术。抽吸导管尖端随后在患者体内被发现，患者需要再次手术
人员因素	一名过度劳累的护士错误地使用胰岛素而不是抗恶心药物，导致患者低血糖昏迷
任务相关	一名实习生错误地计算了一名接受维柯丁治疗的患者的长效康定等效剂量，使其经历了鸦片类药物过量和吸入性肺炎，导致其ICU住院时间延长
患者特征	一名小男孩的父母误读了一瓶对乙酰氨基酚上的说明，导致他们的孩子肝脏受损

图 14.4　可能导致潜在错误的因素
（来源于AHRQ《AHRQ患者安全网络——根本原因分析》，2014年8月1日）

析。我们相信，当用户界面开发人员有机会研究与用户界面设计过程相关的系统级问题时，AcciMap会有所帮助。它也可以是一个有效的方法，来梳理在可用性测试中出现的某个使用错误的多种根本原因，增加叙述性描述；或者，分析人员可能选择绘制这样的图，只是为了整理他们关于导致使用错误的因素的想法。

联合委员会进行根本原因分析的框架

2013年，联合委员会公布了一份修订的警讯事件（即致命的）根本原因的框架[①]。该框架包括一系列24个问题，经允许转载如下，调查

① 联合委员会，根本原因分析和行动计划框架模板，2013年3月21日。

人员可以就给定的事件提问。

（1）预期的流程是什么?

（2）在这个过程中是否有一些步骤没有按计划进行?

（3）哪些人为因素与结果相关?

（4）设备性能如何影响结果?

（5）哪些可控的环境因素直接影响了这一结果?

（6）哪些不可控制的外部因素影响了这个结果?

（7）还有其他直接影响结果的因素吗?

（8）组织中还有哪些领域可能出现这种情况?

（9）工作人员在事件发生时是否具备适当的资格和目前是否胜任其职责?

（10）实际的人员配备与理想的水平相比如何?

（11）应对人员配备意外事件的计划是什么?

（12）这种意外事件是这次事件的一个因素吗?

（13）员工在事件期间的表现是否符合预期?

（14）当需要时，所有必要的信息在什么程度上是可用的?准确吗?完整吗?明确吗?

（15）在这种情况下，参与者之间的沟通在何种程度上是适当的?

（16）对于这种情况下正在执行的过程来说，这是合适的物理环境吗?

（17）采取什么系统来识别环境风险?

（18）计划和测试了哪些紧急和故障模式响应?

（19）组织文化如何支持风险降低?

（20）潜在风险因素沟通的障碍是什么?

（21）如何将不良后果的预防作为一项高度优先事项进行沟通?

（22）如何修改入职培训和在职培训，以减少日后发生此类事件的风险?

（23）可用的技术是否按预期使用?

（24）如何引入或重新设计技术以减少未来的风险?

该框架使用了一张表(其他人可能称之为根本原因汇总表[①]),它不仅让调查人员识别给定事件的根本原因,还让他们制定行动计划以防止再次发生。值得注意的是,联合委员会指出,该框架可适用于发生使用错误的情况,但它也适用于尚未发生使用错误的情况(即前瞻性分析)。

我们在一个类似框架的应用中看到了其价值,它可以分析在可用性测试中出现的使用错误。但是,采用这种方法,分析人员不能像回顾分析实际使用错误那样,同样确定地、具有前瞻性地回答关于使用场景的问题,他们毫无疑问将面临局限性。

拓展阅读14.1 "警讯事件"的定义

联合委员会对"警讯事件"一词的定义如下:"警讯事件是涉及死亡或严重的身体或心理伤害或其风险的意外事件。严重的损伤具体包括肢体或功能的丧失。'或其风险'一词包括重复发生将有显著可能带来严重不良后果的任何过程变化。

这些事件被称为'警讯',因为它们表明需要立即进行调查和作出反应。

术语'警讯事件'和'错误'不是同义词;并不是所有的警讯事件的发生都是因为使用错误,且不是所有错误会造成警讯事件。[②]"

① Rooney, J. and Vanden Heuvel, L. July 1, 2004. "Root Cause Analysis for Beginners."

② Sentinel Events. 2013. "Comprehensive Accreditation Manual for Hospitals."

以下是一些具体的与识别医疗器械用户界面设计缺陷有关的示例问题，这些问题在试图识别使用错误的根本原因时可能很有用。可以将其视为自定义问题列表的起点，其中可能包括以前列出的AHRQ集合和其他来源的，与正在评估的医疗器械密切相关的一些问题：

- 设备是否超出了用户的阅读能力？
- 设备是否超出了用户的体能？
- 设备（或使用说明）是否使用不熟悉的术语进行沟通？
- 基本信息是否模糊不清？
- 设备是否未能以适当、及时的方式提供信息？
- 设备的使用说明是否误传了信息或误导了用户？
- 设备是否超出了用户的记忆能力？
- 设备是否未对用户的操作提供足够的反馈？
- 该设备是否使用户难以评估其运行状态？
- 设备是否让用户的信息饱和了？
- 设备是否要求用户工作速度过快？
- 设备是否缺少必要的保护？
- 该装置是否使元件（如控制装置）受到意外的驱动？
- 该装置是否与用户之前使用过的相似设备运行模式不同？
- 该装置是否产生用户难以察觉的信号（如视觉指示、声音音调）？
- 设备是否产生了一个单模态信号，而不是冗余线索？
- 设备是否未将用户的注意力吸引到关键信息上？
- 设备是否缺少撤销错误操作的方法？
- 设备是否未能提示用户确认关键操作或更改？
- 设备是否缺乏必要的物理、视觉或听觉提示来引导用户正确地与之交互？

- ✦ 设备是否有用户可能忽略或错误识别的隐藏特性或功能?
- ✦ 警告或警告消息是否未能说明使用错误的后果?
- ✦ 使用设备的培训不够吗?
- ✦ 设备的工作流程和用户的心理模型是否不匹配?

这里还有一些问题可以帮助你区分由用户界面设计缺陷合理引起的使用错误，以及由测试伪影、不合格的测试参与者参与测试或已知的不合规行为合理引起的使用错误:

- ✦ 是否有一个测试条件显著改变了用户与设备的交互方式?
- ✦ 使用者是否在知情的情况下偏离了以安全有效的规定方法使用设备?
- ✦ 根据筛选标准或其他人口统计学或与经验相关的要求，用户是否不适合作为测试参与者?

UPCARE模型

另一种关注医疗器械误差评估的根本原因分析框架称为UPCARE模型。UPCARE模型的名字来源于它的六个领域: ① 未满足的用户需求(U); ② 感知(P); ③ 认知(C); ④ 操作(A); ⑤ 结果(R); ⑥ 评价(E)。这些领域中的每一个都被分解为在分析涉及医疗器械的使用错误时发现的组成部分……[①]

该框架(又名模型)描述了可能导致使用错误的用户界面设计缺陷，然后通过指定结果(即伤害包括受伤和死亡)来进一步分析。它还描述了了解真实世界中潜在的使用错误的方法，以及如何在可用性

---

① Kaye, R., North, R. A., and Peterson K. M. (2003). "UPCARE: An Analysis, Description and Educational Tool for Medical Device Use Problems," Section 3.1, "Model Description."

测试中暴露使用错误。UPCARE模型的开发人员认识到，对事故（又称不良结果、哨兵事件）的全面分析也应该考虑更广泛的影响因素，比如AcciMap开发中考虑的那些因素（前面已经讨论过）。框架[①]提出了许多潜在的使用错误的原因，在下面一字不差地列出。

未满足的用户需求

用户需要，但没有得到：

1. 安装、配置、维修

（1）高效、直观的设置和启动程序。

（2）有效的提示或正确操作设备的指导。

（3）如何在非典型条件下或为特定的应用使用设备的说明。

2. 用户与设备互动

（1）当前设置或默认模式的指示。

（2）安全默认模式/故障安全模式。

（3）可立即停止设备动作或进程的能力。

（4）对关键控制措施的反馈。

（5）方便的快速参考资料或嵌入式帮助。

（6）协助解决问题或故障排除。

（7）保证设备质量，及时得到合理的结果。

（8）免除了需要变通的设备使用要求。

3. 监测和检测正常或非正常状态（在患者和/或设备中）

（1）患者病情严重变化的指征。

（2）设备运行正常的指示。

（3）设备运行中的设备故障或关键变化的指示。

（4）及时反映电池（或充电）的使用寿命结束情况的指示。

---

① Kaye, R., North, R. A., and Peterson K. M. (n.d.). "UPCARE: An Analysis, Description and Educational Tool for Medical Device Use Problems," Section 3.1, "Model Description."

4. 理解设备输出

用户不知道如何正确解释设备输出的临床意义(如诊断测试结果)。

感知

1. 用户无法看到设备显示、标签或标记

(1) 视线被遮挡。

(2) 不够亮。

(3) 显示眩光反射。

(4) 字体太小。

2. 用户无法听到设备警报或音频反馈

(1) 音量过低。

(2) 音频过高或过低。

3. 用户无法感知或理解来自设备的触觉反馈

认知

1. 信息的解释

(1) 文本、数字或状态指示很难在复杂的显示中直观定位。

(2) 在两个或多个设备或组件上的包装、标记或显示数据出现类似导致错误识别或混淆的情况。

(3) 在设备或整个设备配置上的标签在识别、操作或使用方面具有误导性。

(4) 输入、输出、水平或校准值因意外或非标准名称、缩写或单位而混淆。

(5) 导航菜单或其他界面功能使用困难/令人费解。

2. 反馈

(1) 很难或不可能从用户操作的不充分、混乱或缺乏反馈来理解设备的状态或模式。

(2) 设备提供的误导性反馈或提示所表明的设备或临床情况与

实际情况不同。

3. 用户期望

（1）期望设备的运行状态或模式与以前不同。

（2）由于相同的外观/名称，期望的设备（或组件）操作与以前使用的设备类似。

（3）期望基于设备的治疗参数（如治疗、剂量）与先前的经验一致。

（4）过多的警报、信号或强调不重要信息使用户对重要信息的优先级不敏感（“滋扰警报”）。

4. 知道该做什么

（1）使用设备时，使用说明不足以支持用户。

（2）用户培训不足。

（3）设备数据不足，用户无法诊断患者病情从而调整治疗等。

（4）用户不理解设备交流信息（如错误代码、状态指示等）。

（5）用户对设备使用所需的操作顺序感到困惑。

操作

1. 设置

（1）组件连接不正确。

（2）放置、插入或固定组件不正确。

（3）组件装配不正确。

2. 输入和控制

（1）无意中激活了错误的键、按钮或其他控件（如击键错误）。

（2）在错误的时间或以错误的顺序激活设备或组件。

（3）采取行动解决问题，并造成未来的问题（如失效警报、无法检测到患者不安全的状况）。

3. 物理损伤

（1）走到或撞到、撞倒设备/元件等。

（2）在调整、移动或运送患者时损坏设备。

（3）重复使用会损坏设备接口组件（如指甲划伤表面或击碎键盘）。

结果

1. 患者

（1）患者受伤或死亡。

（2）不必要的临床并发症。

2. 设备用户

（1）看护者或旁观者的死亡或受伤。

（2）治疗延误。

（3）必须使用次优选治疗方案。

（4）用户或医疗服务团队的沮丧、焦虑。

3. 设备或环境

设备损坏或销毁。

评价

1. 收集用户与设备交互信息

（1）用户访谈。

（2）实地观察。

2. 分析使用错误的上下文

（1）任务演练。

（2）任务分析。

3. 测试用户与设备交互

可用性评估。

我们认为这些例子与确定医疗器械使用错误的根本原因最为相关。下面，我们将描述一些可以在分析师描述需要进行根本原因分析和/或执行根本原因分析的问题时提供支持的额外技巧。我们简要地总结了这些方法，并建议读者参考所列的资源来了解如何应用这些方法。

矩阵图

矩阵图使分析师能够比较几个可能的根本原因，并确定哪个根本原因对一组问题或事件影响最大。开发和分析矩阵图涉及以下步骤[①]：

（1）选择要调查的问题特性（如剂量设置不正确、药物未被检查）和可能的原因（如文字难以辨认、说明书中的信息不清楚）。

（2）创建一个适当大小的矩阵，例如一个5×5的方阵。

（3）把变量画在矩阵上。

（4）评估每个问题特征和可能原因之间的关系强度（如1表示弱，5表示中，9表示强）。

（5）计算每个根本原因与所有问题特征的关系强度总和。

（6）评审高评分的根本原因，以确定最可能的根本原因。

关键决策方法

关键决策方法（critical decision method，CDM）是通过访问一个或多个专家来揭示和理解有关主题专家如何决策的领域知识。分析师可以使用CDM来了解专家在事故中的认知过程、可能导致错误的关键线索以及影响专家决策过程的因素[②]。所有这些输入信息可以用来进行事故或错误的根本原因分析。

---

① Andersen, B. and Fagerhaug, T. 2006. Root Cause Analysis: Simplified Tools and Techniques (2nd ed.). Milwaukee, WI: ASQ Quality Press.

② Klein, G. A., Calderwood, R., and MacGregor, D. 1989. "Critical Decision Method for Eliciting Knowledge." IEEE Transactions on Systems, Man, and Cybernetics, 19: 3.

系统理论的事故模型和过程

系统理论的事故模型和过程(systems-theoretic accident model and processes, STAMP)是一个基于系统理论的事故分析模型。在这个模型中,“系统的社会技术结构的每一个层次都可以用控制的层次来描述。每一层都对突发特性(在本例中为安全性)进行控制,这些突发特性是由组件故障、组件之间的功能失调交互作用或较低级别的未处理环境干扰引起的[①]”。相应地,该模型使分析师能够确定每个类别的根本原因。

人因分析与分类系统

人因分析与分类系统(human factors analysis and classification system, HFACS)可用于分析航空事故,也可用于分析其他领域的错误。该方法定义了四个可能发生错误的层面:

(1) 不安全的行为。

(2) 不安全行为的先决条件。

(3) 不安全的监督。

(4) 组织的影响。

审查这些层面可以使分析人员能够确定并分类事故的原因。

系统性团队合作事件分析

系统性团队合作事件分析(event analysis for systemic teamwork, EAST)方法用于理解团队如何通过使用分析工具(如通信使用图、社会网络分析和CDM)来协作完成任务。该方法可以帮助分析师定义

---

① Leveson, N. 2004. “A New Accident Model for Engineering Safer Systems.”

在给定的场景中被包含的团队成员、特定的任务发生时间、团队成员的位置、他们如何协作和交流、使用了什么信息，以及在团队成员之间共享了什么知识。

参考文献[1]

Andersen, B., and Fagerhaug, T. 2006. Root Cause Analysis: Simplified Tools and Techniques (2nd ed.). Milwaukee, WI: ASQ Quality Press.

Dekker, S. 2013. The Field Guide to Understanding Human Error (2nd ed.). Farnham, UK: Ashgate Publishing.

Dumas, J., and Loring, B. 2008. Moderating Usability Tests Principles and Practices for Interacting. Amsterdam: Morgan Kaufmann/Elsevier.

Hallinan, J. 2009. Why We Make Mistakes. New York: Broadway Books.

Nielsen, J. 1994. Usability Inspection Methods. New York: Wiley.

Norman, D. 1990. The Design of Everyday Things. New York: Doubleday Business.

Reason, J. 1990. Human Error. Cambridge, England: Cambridge University Press.

Weinger, M., Wiklund, M., and Gardner-Bonneau, D. 2011. Handbook of Human Factors in Medical Device Design. Boca Raton, FL: CRC

---

① 原英文版参考文献各条目著录格式不符合GB/T 7714—2015要求或有缺项，但为方便有需要的读者，本书仍按英文版保留此内容。

Press.

Wiklund, M., Kendler, J., and Strochlic, A. 2015. Usability Testing of Medical Devices (2nd ed.). Boca Raton, FL: CRC Press.

Wiklund, M., and Wilcox, S. 2005. Designing Usability into Medical Products. Boca Raton, FL: CRC Press.

AAMI TIR50:2014. 2014. "Technical Information Report, Post-Market Surveillance of Use Error Management." Arlington, VA: Association for the Advancement of Medical Instrumentation.

AHRQ Patient Safety Network— "Root Cause Analysis." August 1, 2014.

Hyman, W. 1995, May. "The Issue Is 'Use,' Not 'User,' Error." Medical Device and Diagnostic Industry.

Kaye, R., North, R. A., and Peterson K. M. (n.d.). "UPCARE: An Analysis, Description and Educational Tool for Medical Device Use Problems," Section 3.1, "Model Description."

Klein, G. A., Calderwood, R., and MacGregor, D. 1989. Critical decision method for eliciting knowledge. IEEE Transactions on Systems, Man, and Cybernetics, 19: 3.

Leveson, N. 2004. "A New Accident Model for Engineering Safer Systems."

Rooney, J., and Vanden Heuvel, L. July 1, 2014. "Root Cause Analysis for Beginners."

Shappell, S. A., and Wiegmann, D. A. 2000. "The Human Factors Analysis and Classification System—HFACS." Report number DOT/FAA/AM-00/7. Office of Aviation Medicine.

The Joint Commission. March 21, 2013. Root Cause Analysis and Action Plan Framework Template.

Backinger, C. L., and Kingsley, P. A. 1993. "Write It Right: Recommendations for Developing User Instructions for Medical Devices Used in Home Health Care." HHS publication FDA 93–4258.

CFR—Code of Federal Regulations, "Title 21—Food and Drugs," Chapter I— "Food and Drug Administration," Department of Health and Human Services, Subchapter H— "Medical Devices," Part 820, "Quality System Regulation."

"Draft Guidance for Industry and Food and Drug Administration Staff—Applying Human Factors and Usability Engineering to Optimize Medical Device Design."

"Medical Device Use-Safety: Incorporating Human Factors Engineering into Risk Management."

ANSI/AAMI HE75:2009/(R)2013. "Human Factors Engineering—Design of Medical Device." Arlington, VA: Association for the Advancement of Medical Instrumentation.

IEC 60601–1–6 "Medical Electrical Equipment—Part 1–6: General Requirements for Basic Safety and Essential Performance—Collateral Standard: Usability." Geneva, Switzerland: International Organization for Standardization.

IEC 62366–1:2015. 2015. "Medical Devices—Application of Usability Engineering to Medical Devices." Geneva, Switzerland: International Organization for Standardization.

ISO 13485:2003. 2003. "Medical Devices—Quality Management Systems—Requirements for Regulatory Purposes." Geneva, Switzerland: International Organization for Standardization.

ISO 14971:2007. 2007. "Medical Devices—Application of Risk Management to Medical Devices." Geneva, Switzerland: International

Organization for Standardization.

"Inspections, Compliance, Enforcement, and Criminal Investigations, Corrective and Preventive Actions (CAPA)."

Links to medical devices design and evaluation articles published by one of this book's coauthors (Michael Wiklund) in "Medical Device & Diagnostic Industry."

"Medical Devices: Guidance Document, Classification of Medical Devices, MEDDEV 2." 4/1 Rev. June 9, 2010.

Medical Device Safety Calendar 2009. Published by FDA.

US Food and Drug Administration. (n.d.).

Usability-related information with a European perspective.

原书版权声明

Medical device use error : root cause analysis / by Michael Wiklund, Andrea Dwyer, and Erin Davis / ISBN: 978–1–4987–0579–0